古代DNAが語るホモ・サピエンスの「大いなる旅」

図解版

ビジネス教養・超速アップデート

人類の起源

（国立科学博物館長）
篠田謙一 監修

代々木アニメーション学院 絵

中央公論新社

はじめに

私たちは社会の発展をどう捉えているのでしょうか。「原始的」な狩猟採集社会が、やがて農耕を発明したことで、人口を増やすようになる。生産性が上がることで、農耕に従事しない層が誕生し、やがて都市が出現し、文明が誕生する。多くの皆さんは、こんなイメージを持っていると思います。しかし、私たちホモ・サピエンスの誕生は30万年ほど前にさかのぼります。世界の各地で人々が農耕を始めるのが1万年前、文明の発達は５０００年ほど前にスタートしますから、それらは人類史の最後の数%の出来事に過ぎません。では、初めて農耕を行い、都市と文明を築いた人々は、どのような人たちで、それまでどこで何をしていたのでしょう。人類史の90%以上は文字の記録がないために、そこに至る経緯については何もわかっていませんでした。

しかし、今世紀になってヒトのゲノムが読めるようになったことで、状況は大きく変化します。古代人のゲノムが解読できるようになったことで、各地のホモ・サピエンスの集団が、どのような過程を経て形成されてきたのかを知ることができるようになったのです。私たちホモ・サピエンスはアフリカで誕生し、６万年ほど前に世界に拡散したこともわかりました。1万年ほど前までには世界への拡散が終了し、その後は地域集団が離合集散を繰り返しながら、現代に続きます。その過程で、私たちが話しているさまざまな言語も生まれました。

古代人のゲノムからは、彼らがどのような規模の婚姻集団を形成していたのかも明らかになっています。また、考古学の研究も進んだことで、文明誕生以前の社会の有様も、おぼろげながらわかってきました。その結果、すべての社会は、決して一直線に現代に向かっていたわけではないことも明らかになりました。

現代の社会に閉塞感を感じている人は多いでしょう。人類全体の生存を脅《おびや》かす地球の温暖化を止める合意形成すらできず、環境の悪化に対して手をこまねく状況が続いています。そんな社会を見直すために、私たちのたどってきた道を、改めて眺めてみることも重要です。そこには未来を考えるヒントがあるはずです。そんな問題意識から書いたのが『人類の起源』（中公新書）でした。幸いにも版を重ねることができましたが、文章だけで理解するには難しい部分もありました。そこで本書では最新の情報を交えながら、図解で人類史を眺めることができるように工夫しました。読者の皆さんの、人類史を俯瞰する助けになれば幸いです。

篠田謙一

マジで!?
最初の人類は「アウストラロピテクス」じゃないの？

定説は日々更新されていく！ 教養もアップデートが必要

最古の人類といえば、おそらくほとんどの人は「アウストラロピテクス」をイメージするのではないでしょうか？　しかし、それはもう約30年も前の常識。

科学の定説というものは、新しい発見によって日々更新されていくもの。当然「人類史」の分野においても有力だと考えられていた多くの説が更新されています。

ちなみに、現在のところ最古の人類として有力視されるのは、「サヘラントロプス」という約７００万年

最初は
チンパンジーのような
姿勢ではなかった！
こういうイメージも
実は間違い！

前の「初期の猿人」です。

　これまで人類の進化は、猿人、原人、旧人、新人と進化のステージを明確に分け、まるで1本の線上をたどってきたように考えられてきましたが、近年の研究でそう単純な話ではないことがわかってきました。特に古代DNAの解析技術の進歩によって、化石の研究だけでは知り得なかった事実が次々に明らかになっています。

　このように、定説は日々変化していくもの。私たちの知識や教養も新しい情報にアップデートする必要があるのです。

誕生は700万年前!?
人類の歴史は意外に長かったことが判明!

学校では教えてくれなかった人類のグレートジャーニー

「人類は、地球上にどのように生まれ、どのように発展を遂げてきたのか?」それを一般的なレベルで学ぶのは、おそらく学校での歴史の授業だと思います。

しかし、歴史の教科書では、人類の起源については簡単に触れるだけ。文明が誕生する約5000年前の話から本題に入るイメージだったかと思います。

私たちは、生物学的に「ホモ・サピエンス」というひとつの種に属する生物ですが、ホモ・サピエンスが

誕生したのは約30万年前です。今でこそ生き残った人類は私たちサピエンス種だけですが、人類史７００万年の中で、地球上にはさまざまな人類が存在していました。しかも、複数種の人類が、同時期に同じ場所に住んでいた時代もあることがわかっています。そして、サピエンス種は誕生の地アフリカに10万年以上もとどまり、その後、約6万年前に世界へと展開していきます。

学校では教えてくれなかった空白の時代。そこでは人類の壮大な旅が繰り広げられていたのです。

実は、私たちはネアンデルタール人の「血縁」でした！

絶滅した人類も私たちとは無関係ではない!?

私たちサピエンス種は、生物学上では「ホモ属」というグループに属しています。現在生き残っているホモ属は、私たちサピエンス種だけですが、かつては**複数のホモ属の仲間が共存していた時代**がありました。その仲間の一種が「**ネアンデルタール人**」です。

教科書では「旧人」と分類されていたことから、サピエンス種の前の時代に生きた祖先のようなイメージを持たれがちですが、ネアンデルタール人は、30万〜4万年前という**サピ**

エンス種と同時代に生存し、共通の祖先から分岐した親戚のような関係にあります。

　また、種が異なることから、サピエンス種との対立の果てに絶滅した人類というイメージを持つ人も多いかと思いますが、現代人のDNAを分析したところ、非アフリカ人はゲノム全体の1～4％はネアンデルタール人から受け継いでおり、共存していた時代に交雑が起こっていたことがわかっています。つまり、ネアンデルタール人は私たちの遠い血縁であるということです。

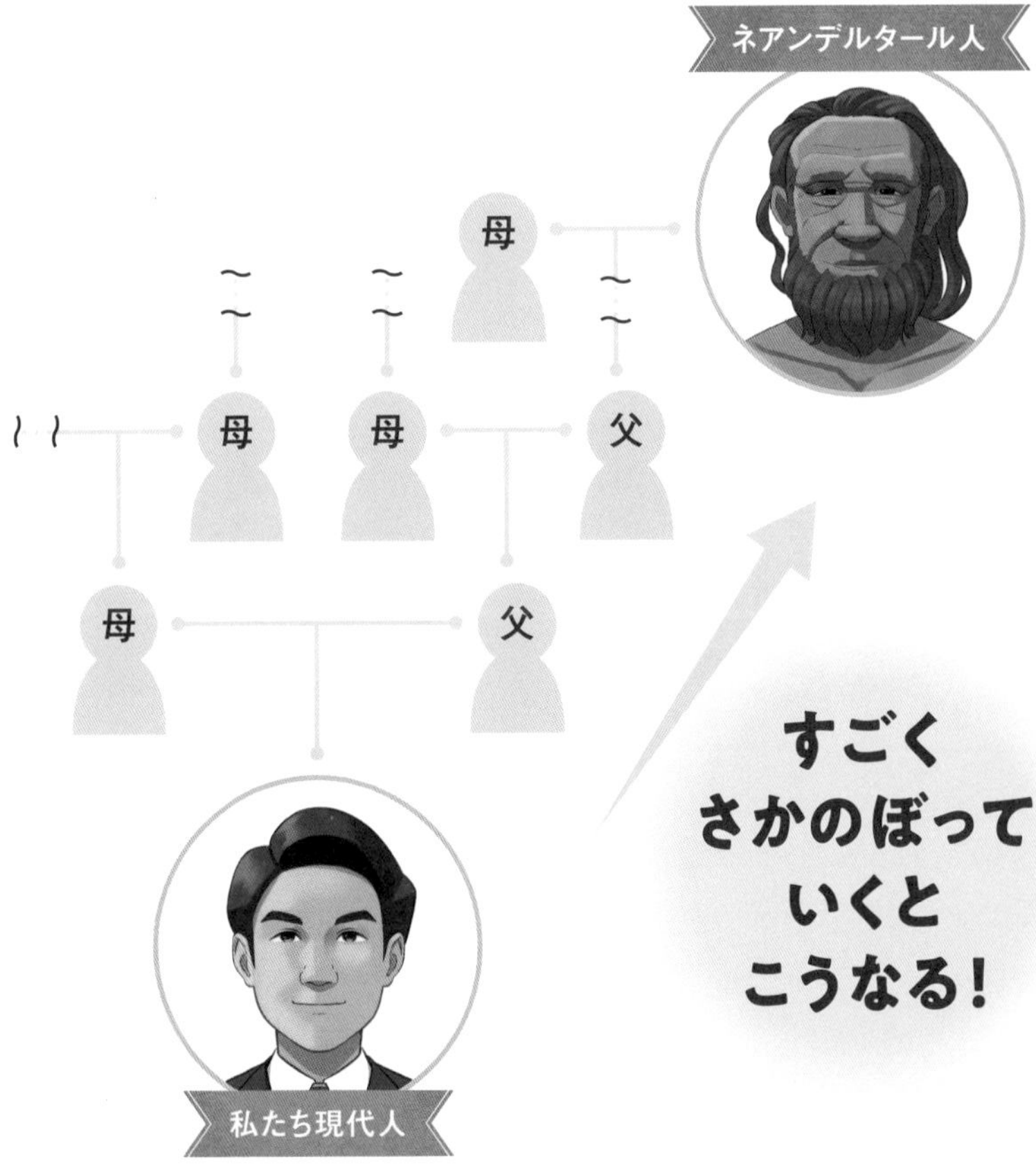

人類の起源

古代DNAが語る
ホモ・サピエンスの「大いなる旅」

CONTENTS

第1章 サルからヒトへの長い道のり

サルからヒトへ／化石編

第2章 ホモ・サピエンスの誕生と世界展開

第3章 独自の発達を遂げた!? さまざまな「地域集団」の成立

第4章 日本人とは何者なのか?

日本人のルーツ

第5章 人類の未来

人類の未来

STAFF

編集・原稿 ………… 千葉慶博

カバーデザイン ……… 鈴木大輔（ソウルデザイン）

本文デザイン ………… 仲條世菜（ソウルデザイン）

イラスト ……………… 大矢雪乃、岡島弘一良、沖本花音、三國凪生（代々木アニメーション学院）

本文DTP …………… 高 八重子

参考文献

『人類の起源』篠田謙一 著（中公新書）

『ホモ・サピエンスの誕生と拡散』篠田謙一 監修（洋泉社）

第1章

サルからヒトへの長い道のり

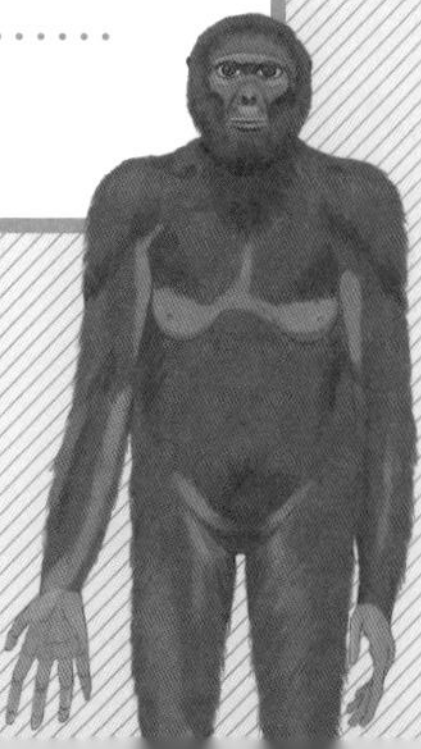

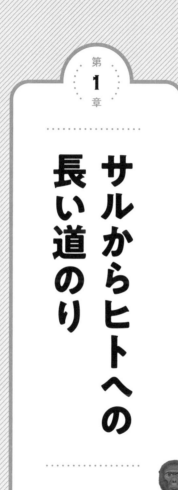

サルからヒトへ

化石編

01

化石で見る！人類進化の系統700万年

サピエンス種までに至る化石人類の進化！

人類がチンパンジーとの共通の祖先から分岐したのは、化石やDNAの証拠からの推測によると約700万年前とされています。

その時代の人類の仲間である初期猿人「サヘラントロプス・チャデンシス」の化石も2001年に北アフリカで発見されていることから、本

サヘラントロプス・チャデンシス

発見地	北アフリカ・チャド
生息年代	700万年前
主な発見部位	頭骨
特徴	発見された人類化石では最古のもの。頭骨が背骨のほぼ真上に垂直につながることから二足歩行をしていた可能性がある。

オロリン・トゥゲネンシス

発見地	東アフリカ・ケニア
生息年代	600万年前
主な発見部位	上腕骨、大腿骨、歯
特徴	大腿骨の形状から二足歩行をしていた可能性。臼歯が大きく、犬歯が小さいというヒトの特徴を持つ。

600万年前　700万年前

［600万年前］［700万年前］

書では人類史を700万年として解説していきます。

　2006年の次世代シークエンサの実用化（P38）以降、DNA解析による人類進化の研究は飛躍的に進み、これまで謎とされていた時代も少しずつ明らかになっています。

　そんなDNAが描く人類進化の道筋を見る前に、これまでの化石研究で明らかになったホモ・サピエンスに至るまでの人類（＝ホミニンと呼ぶ）の経緯を見ていきましょう。

　下から続く図は、化石証拠から組み立てられた系統樹をベースにした図です。さまざまな化石人類が存在していたことがわかるでしょう。

化石人類の系統図①

← 系統関係が予想されるもの

←…… 系統関係が不明瞭ながら予想されるもの

アルディピテクス・ラミダス

発見地	東アフリカ・エチオピア
生息年代	440万年前
主な発見部位	全身骨格（アルディ）
特徴	二足歩行をしていたと考えられるが、樹上生活にも適応した骨格を持つ。

アルディピテクス・カダッバ

発見地	東アフリカ・エチオピア
生息年代	580万～520万年前
主な発見部位	頭部以外、下顎骨の一部、歯
特徴	足の指の骨の形状から二足歩行をしていた可能性。歯の形状はラミダス種より原始的な特徴を持つ。

アウストラロピテクス・アナメンシス

◀次ページへ ←…… 440万年前 ← 580万～520万年前

◀ [400万年前] ━━ [500万年前]

ケニアントロプス・プラティオプス

発見地	東アフリカ・ケニア
生息年代	350万～320万年前
主な発見部位	頭骨、歯
特徴	アファレンシス種と同時代に共存。頬骨が前に張り出した平坦な顔が特徴。

アウストラロピテクス・アファレンシス

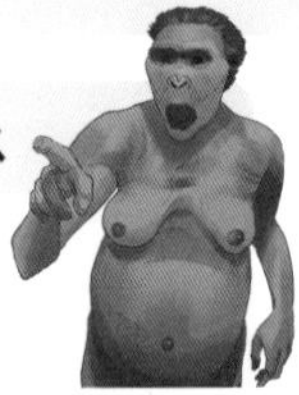

発見地	東アフリカ・エチオピア
生息年代	370万～300万年前
主な発見部位	全身骨格（ルーシー）
特徴	二足歩行をしていたと考えられるが、木登りにも適した腕や手を持つ。性による体格差が大きい。

アウストラロピテクス・アナメンシス

発見地	東アフリカ・ケニア
生息年代	420万～370万年前
主な発見部位	上腕骨、脛骨、ほぼ完全な頭骨（エチオピアで発見）など
特徴	アウストラロピテクス属の最古種。アファレンシス種と同様、木登りを得意としていたと考えられている。

350万～320万年前

370万～300万年前

420万～370万年前

[300万年前]　[400万年前]

化石人類の系統図②

パラントロプス（アウストラロピテクス）・エチオピクス

発見地	東アフリカ・エチオピア
生息年代	270万～230万年前
主な発見部位	下顎骨、頭骨（ケニアで発見：ブラック・スカル）
特徴	アファレンシス種の直系の子孫であると考えられ、ゴリラ並みの強力な嚙む力を持つ。

アウストラロピテクス・アフリカヌス

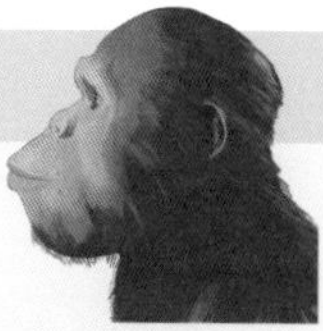

発見地	南アフリカ共和国
生息年代	300万～250万年前？
主な発見部位	頭骨、骨盤など
特徴	華奢型で骨盤の形状はアファレンシス種より二足歩行に適している。

アウストラロピテクス・ガルヒ

発見地	東アフリカ・エチオピア
生息年代	260万～250万年前
主な発見部位	部分的な頭骨、上顎骨、歯など
特徴	大きな臼歯と太い犬歯が特徴で、パラントロプス属や初期ホモ属と共存の可能性。

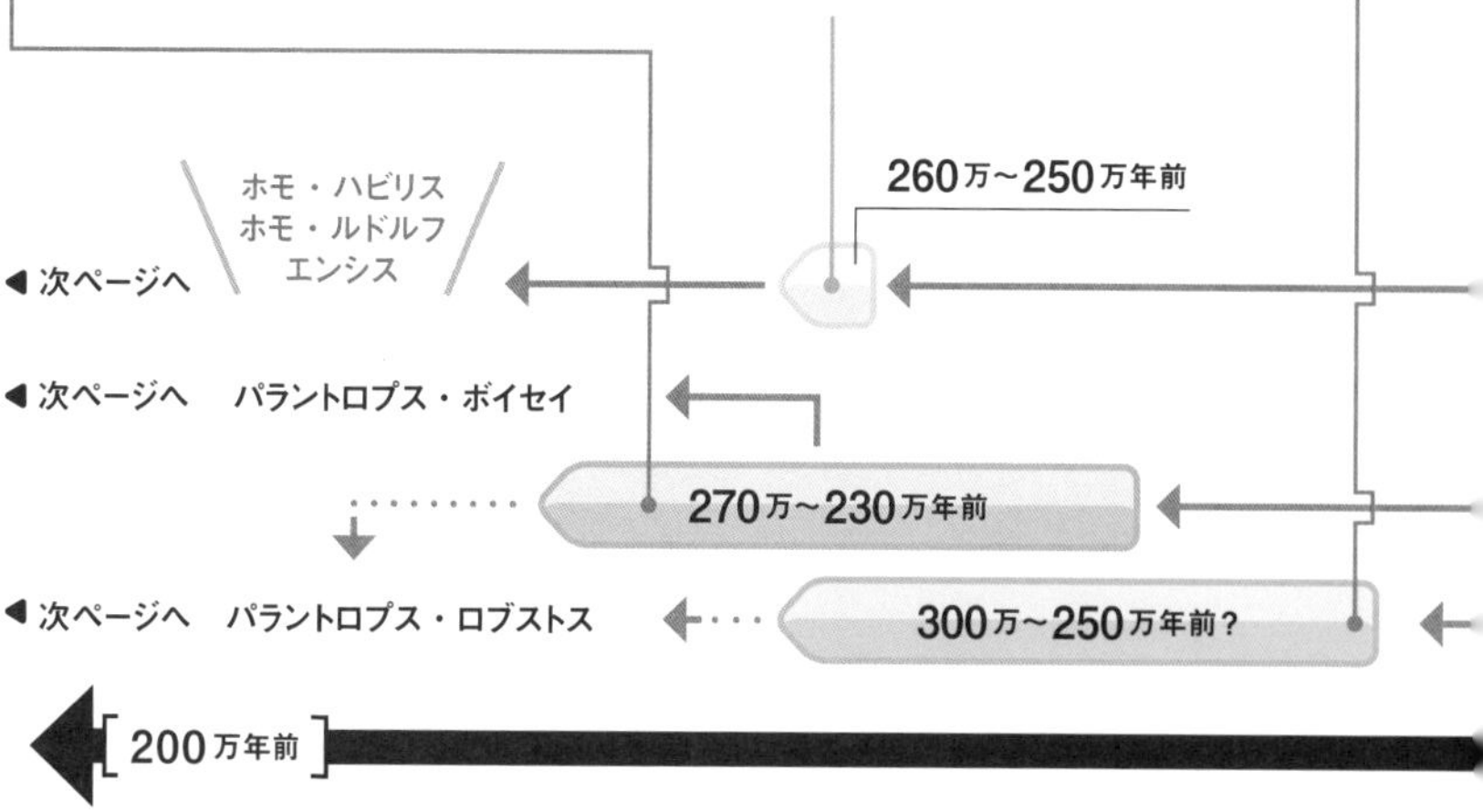

ホモ・ハビリス、ホモ・ルドルフエンシス

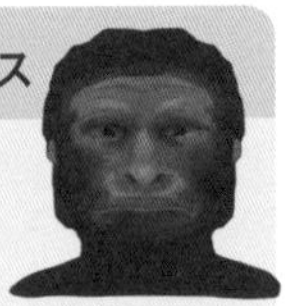

発見地 東アフリカ・タンザニア
生息年代 240万～140万年前
主な発見部位 頭骨、さまざまな体肢骨
特徴 初期のホモ（ヒト）属であり、脳容積が大きくなり、石器などの道具を使用。大小の2種が存在し、大型のものはルドルフエンシスと呼ばれる。

パラントロプス・ボイセイ

発見地 東アフリカ・タンザニア
生息年代 260万～115万年前
主な発見部位 頭骨、顎骨など
特徴 高く張り出した頬骨や大きな臼歯を持つ。栄養価の少ないサバンナの植物を常食としていたと考えられる。

パラントロプス・ロブストス

発見地 南アフリカ共和国
生息年代 260万～200万年前
主な発見部位 頭骨、顎骨など
特徴 パラントロプス属の南アフリカの種。性による体格差が大きく、丈夫なあごで硬い植物を常食。

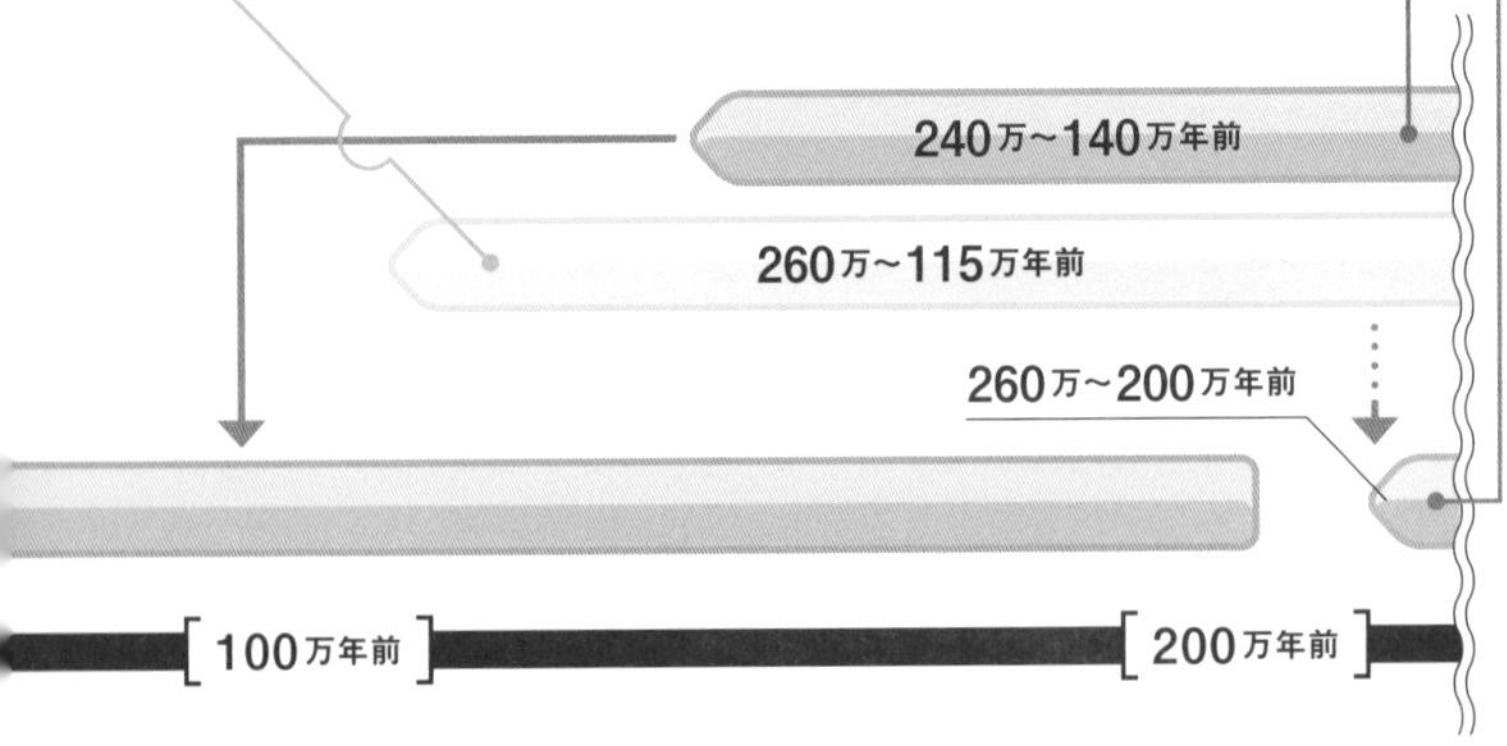

化石人類の系統図③

ホモ・サピエンス

発見地	東アフリカ・エチオピア（最古とされるもの）
生息年代	30万年前～現代
主な発見部位	全身
特徴	現生人類が属する種。

※化石研究段階での系統樹をベースにしているため、デニソワ人（P52）はゲノム編で紹介します。

※ホモ・サピエンスの誕生は約30万年前が有力とされていますが、最初の化石研究の段階では約20万年前と考えられていました。

ホモ・ネアンデルタレンシス
（ネアンデルタール人）

最初の発見地	ドイツ
生息年代	30万～4万年前
主な発見部位	全身
特徴	現生人類より頑丈で、ずんぐりとした体型。サピエンス種と共存・交雑をしていた。

ホモ・ハイデルベルゲンシス

最初の発見地	ドイツ
生息年代	60万～30万年前
主な発見部位	頭骨、下顎骨、脛骨など
特徴	大人の男性で身長180cmと大柄、眼窩上隆起が非常に大きく、ネアンデルタール人より原始的な特徴を持つ。

ホモ・エレクトス

発見地	インドネシア、南アフリカ共和国、中国など
生息年代	200万～10万年前？
主な発見部位	ほぼ全身
特徴	最初にアフリカを出た人類で、ユーラシア大陸に広く分布。脳容積が増大し、火の使用などの特徴も。

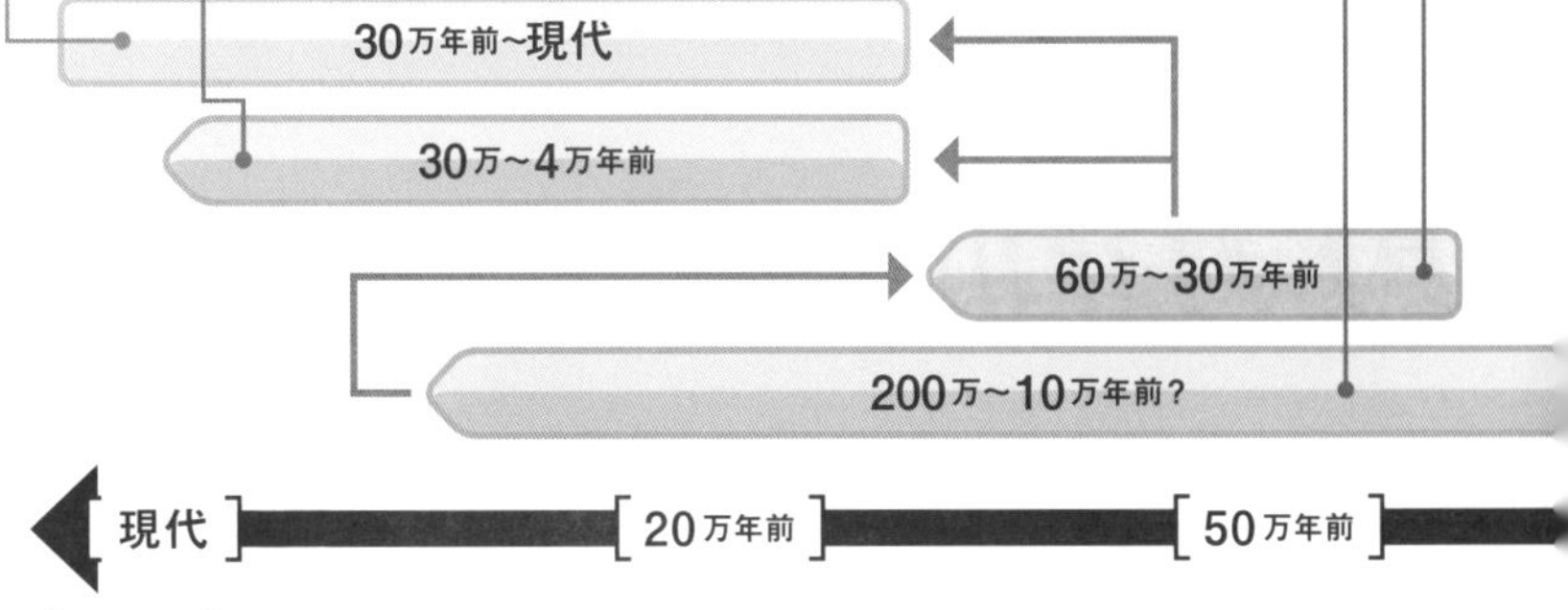

サルからヒトへ

化石編

02

ホモ属以前！「生まれも育ちもアフリカ」の猿人たち

最初の人類はアフリカで生まれた

私たちサピエンス種が属する「ホモ属」は、一般に人類として括《くく》られるグループですが、ホモ属の誕生以前のはるか昔から、さまざまな化石人類が存在していました。

DNA研究が推測する現代人とチンパンジーの分岐の年代は、およそ700万年前とされていますが、

アフリカ大陸

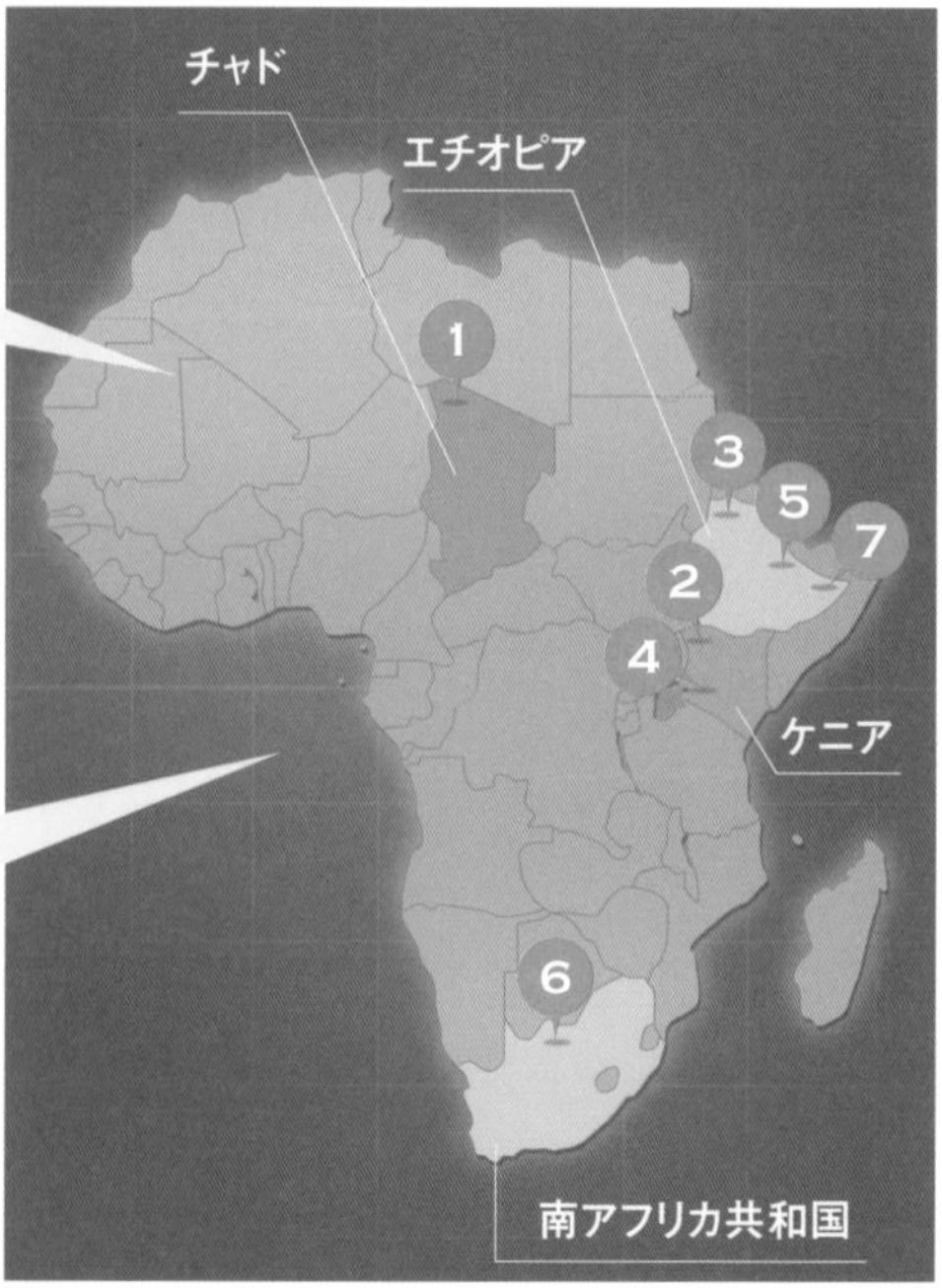

その時代の人類につながる化石がアフリカ大陸で見つかっています。2001年にチャドで発見されたサヘラントロプス属です。さらにケニアで発見された600万年前のオロリン属、エチオピアで見つかった2種のアルディピテクス属を総称し、「初期猿人」と呼んでいますが、現在のところ、これら3つの属の系統的な関係はほとんどわかっていません。

次に人類進化のステージに登場するのが30年前の教科書にも載っていた「アウストラロピテクス属」。比較的早い段階でアフリカの広い地域に暮らしていたとされています。

UPDATE 01 最古は700万年前!?　3つの属の「初期猿人」

チンパンジーと分岐した証拠と考えられるのは骨格的な特徴。サヘラントロプス属、オロリン属、アルディピテクス属という初期猿人の骨格は、人類最大の特徴である直立二足歩行の可能性を示している。

1 サヘラントロプス属

2 オロリン属

3 アルディピテクス属

UPDATE 02 アフリカの広い地域に生息していた「アウストラロピテクス属」

最も古い420万～370万年前に存在したのは、ケニアで発見されたアナメンシス種。それとほぼ同時代の化石が南アフリカ共和国で見つかっているため、誕生から早い段階でアフリカの広い範囲に暮らしていたと考えられる。

4 アウストラロピテクス・アナメンシス

5 アウストラロピテクス・アファレンシス

6 アウストラロピテクス・アフリカヌス

7 アウストラロピテクス・ガルヒ

UPDATE 01

最古は700万年前!?
3つの属の「初期猿人」

サヘラントロプス属をはじめとする初期猿人が、最初の人類と考えられる理由は骨格的な特徴にある。人類の特徴である脳容積の増大に先立って「直立二足歩行」が始まるが、それぞれの骨格の断片がその可能性を示している。

最古の人類は700万年前!?
サヘラントロプス属

2001年にチャドでほぼ完全な形の頭骨の化石、サヘラントロプス・チャデンシスが発見されました。推定される身長や脳容積はチンパンジーと同程度。しかし、脊髄と脳がつながる大後頭孔《だいこうとうこう》の位置が前寄りにあることから、背骨の真上に頭骨が垂直にのる構造、すなわちヒトの特徴である直立二足歩行の可能性を示しました。また、犬歯が臼歯（奥歯）より小さいこともヒトの特徴で、前年にケニアで発見された600万年前の人類オロリン・トゥゲネンシスの大腿骨の形状なども、直立していた可能性を示しています。

サヘラントロプス・チャデンシスの頭骨の底面

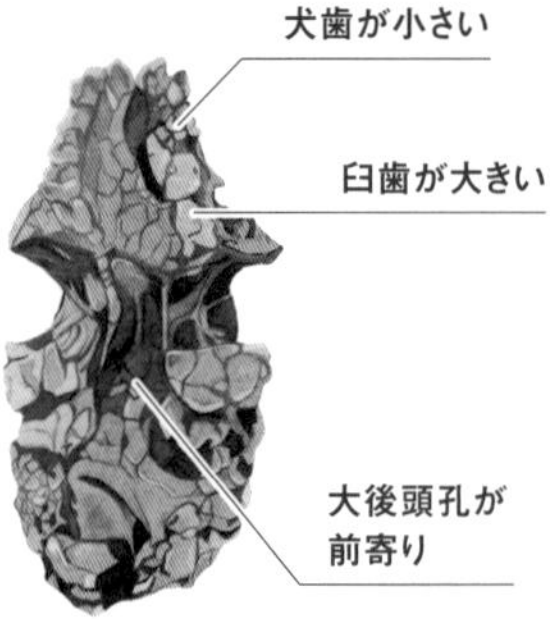

ラミダス猿人「アルディ」

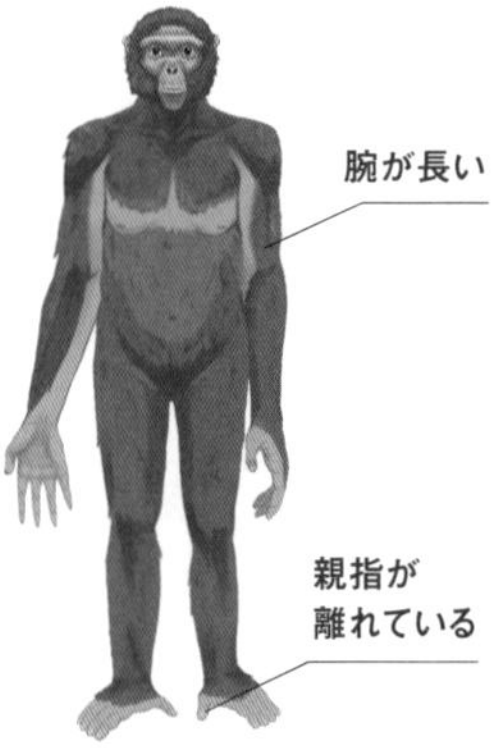

樹上と地上で生活か?
アルディピテクス属

エチオピアで発見されたアルディピテクス属のカダッバとラミダスというふたつの種。カダッバのほうが580万～520万年前と時代は古く、ラミダスは約440万年前に生きていたと考えられています。数多く発掘されたラミダス化石の中で、「アルディ」と呼ばれる成人女性の化石は、全身骨格のかなりの部分が残っており、彼らの身体的な特徴が明らかになっています。他の初期猿人と同様に直立二足歩行の可能性を示しているほか、腕が長く、足の親指が離れているという、地上だけでなく樹上生活者としての特徴も複雑に入り混じっています。

UPDATE 02

アフリカの広い地域に生息していた「アウストラロピテクス属」

アルディピテクス・ラミダスの次に人類進化のステージに登場するのが、アウストラロピテクス属。このグループは、脳容積はゴリラやチンパンジーと同じくらいだが、二足歩行をしていた。最も新しい種は、初期ホモ属とも生存時期が重なる。

アナメンシスの登場とその後を引き継ぐ「ルーシー」

最も古い時代420万～370万年前に存在したとされる種は、ケニアで発見されたアナメンシス種です。また、最も有名な「ルーシー」と呼ばれる全身骨格は、その後の370万～300万年前に存在したとされるアファレンシス種に含まれます。アファレンシス種は、樹上生活をしていた頃の特徴（枝にぶら下がる能力が高い）が色濃く残り、性による体格差が大きいことなどもわかっています。300万年前より新しい種としては、南アフリカ共和国で発見されたアフリカヌス種や、250万年前に存在したエチオピアのガルヒ種があります。

アファレンシス「ルーシー」

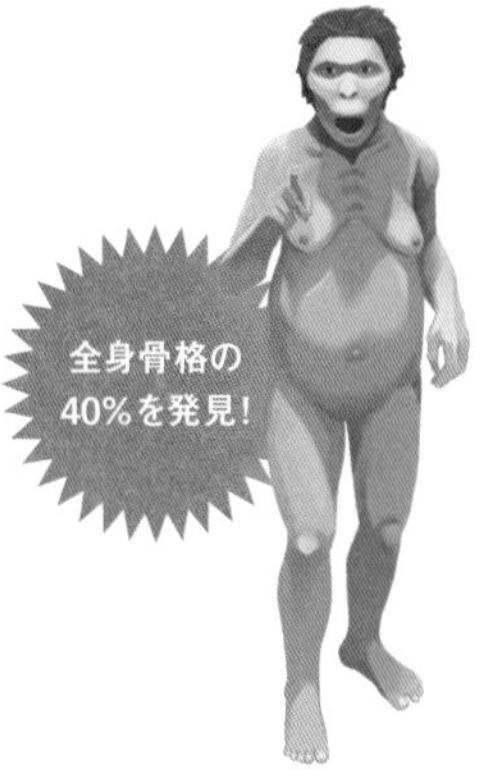
全身骨格の
40%を発見!

二足歩行の証拠は足裏の「土踏まず」にあり!?

アウストラロピテクス属の二足歩行が確実視される理由のひとつとして考えられるのは、アファレンシス種の足裏に土踏まずの縦アーチがあることです。この足裏のアーチ構造が地面からの衝撃を和らげ、長距離の歩行でも疲れにくくするため、彼らが直立二足歩行に適応したと考えられています。また、タンザニアのラエトリで、370万年前のものと思われるアファレンシス種の足跡も見つかっています。この足跡は、猿人の行動の直接的な記録であり、身体構造や歩行の様子を知る手がかりとなっています。

ヒトの足部の骨

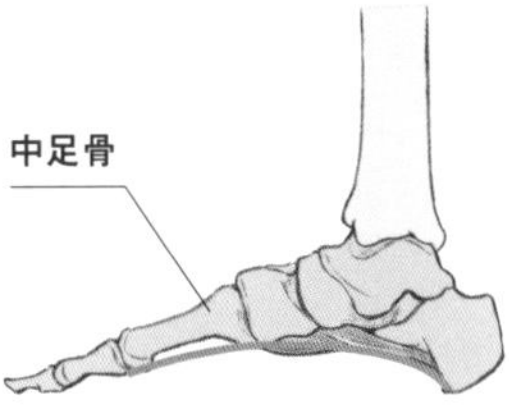
中足骨

土踏まずのアーチは
歩行の衝撃を吸収する

サルからヒトへ
化石編
03

最初に出アフリカを成し遂げた「原人」ホモ・エレクトス

人類初の出アフリカの旅へ！地域の環境に合わせて適応

「猿人」である「アウストラロピテクス属」の次に人類進化のステージに登場するのがホモ・ハビリス（P33）などの初期のホモ属です。しかし、最初のホモ属にどのように系統がつながっていくのかは、いまだ謎が多く残っています。さらに時代を190万~150万年前まで進め

アフリカを旅立ったホモ・エレクトス

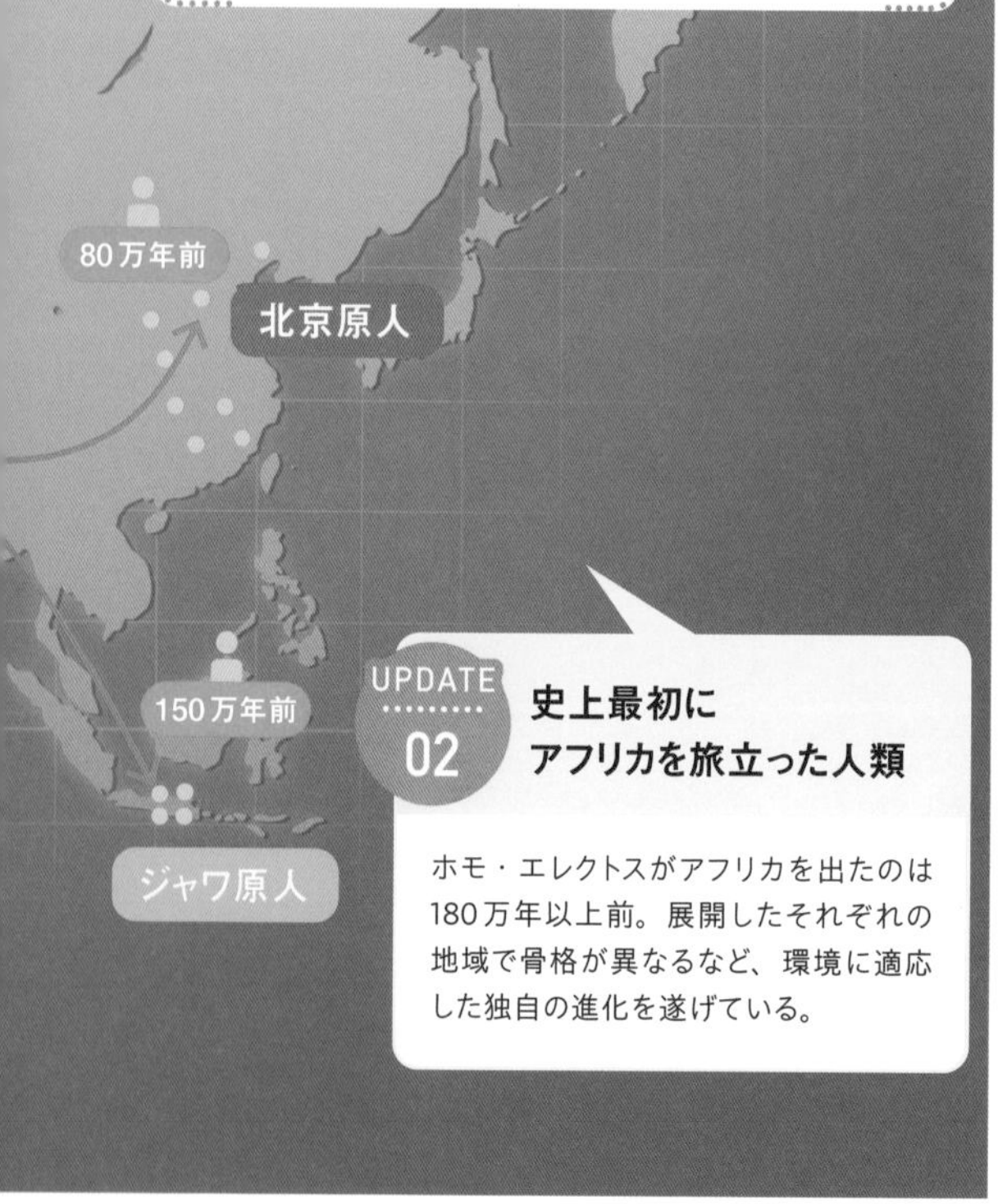

UPDATE 02

史上最初にアフリカを旅立った人類

ホモ・エレクトスがアフリカを出たのは180万年以上前。展開したそれぞれの地域で骨格が異なるなど、環境に適応した独自の進化を遂げている。

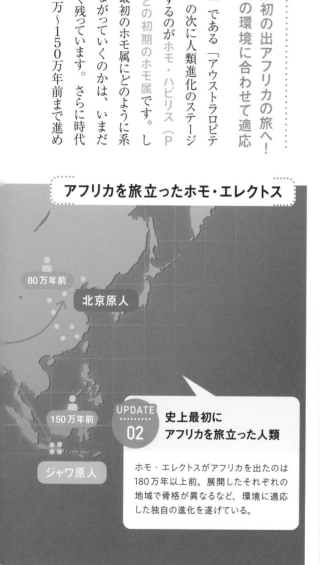

ると、「原人」と呼ばれる体型や大きさが私たちに近い化石が、アフリカや西アジア、中国やインドネシアのジャワ島などで発見されるようになります。それが「ホモ・エレクトス」と呼ばれる種です。「北京原人」や「ジャワ原人」などもこのグループに含まれます。

エレクトス種は、化石の出土状況から約200万年前にアフリカで誕生し、ほどなくしてアフリカを出たことがわかっています。つまり、最初にアフリカを旅立った人類というわけです。食用となる動植物を求めて移動するうちに、世界に拡散していったと考えられています。

ヨーロッパにも拡散！
100万年前
180万年以上前にアフリカを出た！
200万年前にアフリカで誕生！

UPDATE 01

200万年前に誕生した「原人」グループ

化石の出土状況から約200万年前にアフリカで誕生したと考えられている。脳の容積は最終的に現代人の75%ほどまで達し、手斧などの高度な石器も見つかっている。

UPDATE 01

200万年前に誕生した「原人」グループ

約200万年前にアフリカで誕生したホモ・エレクトス。食用の動植物などを求めて移動するうちにアフリカを出たとされ、ヨーロッパや中国、東南アジアなどに広く生息。北京原人やジャワ原人など、地域に適応した独自の進化を遂げた。

200万年前にアフリカで誕生

19世紀末にインドネシアでジャワ原人の化石が発見され、その最古の化石年代は約150万年前とされています。また、中国で発見された北京原人が生息していたのは、80万～25万年前。地域ごとに骨格や顔つきが異なるなど独自の進化を遂げており、一部では別種と考える研究者もいますが、これらを総称してホモ・エレクトスと呼んでいます。

北京原人　　ジャワ原人

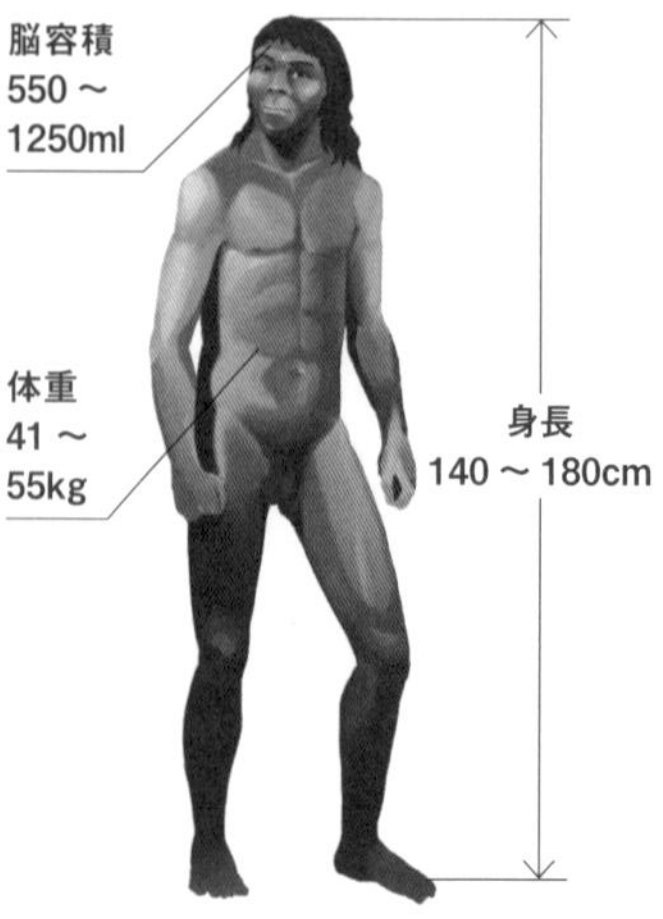

カラダは現代人のサイズ感に近い

ジャワ島などで発見されたホモ・エレクトスの化石から推定される成人の身長は、140～180cm、体重は41～55kg程度と、だいぶ現代人のサイズに近づいています。脳容積には幅があって550～1250mlと推定されています。ジャワ島の初期の種と、最後のものを比較すると、脳容積は約1.5倍に増えており、このことからもホモ・エレクトスは、地域の環境にそれぞれ適応しながら、系統の中で独自の進化を遂げていたことがわかります。

UPDATE 02

史上最初にアフリカを旅立った人類

人類は、誕生から長い間アフリカ大陸の中で生活していたが、180万年以上前に人類初の出アフリカを成し遂げたとされるのがホモ・エレクトス。誕生から早い段階でたまたまアフリカを出たものが各地に広がり、生存期間は約190万年と長期にわたったとされる。

誕生から早い段階で世界に拡散

ホモ・エレクトスは、誕生から比較的早い段階でアフリカを出たものと考えられています。アフリカ以外で原人の最も古い化石が見つかっているのが、ジョージアにある「ドマニシ遺跡」です。そこで発見された化石の年代は約180万年前のものと推定され、遅くともその頃には出アフリカがなされたことになります。困難だった出アフリカを達成できたのは、当時のサハラ砂漠が現在のように発達しておらず、地理的な障害が少なかったことも理由のひとつと考えられます。

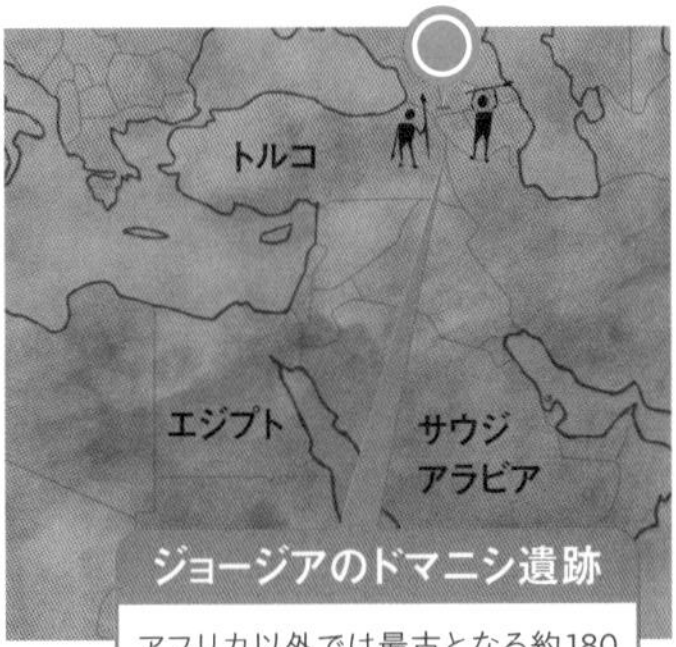

ジョージアのドマニシ遺跡

アフリカ以外では最古となる約180万年前の原人化石が発見される

ホモ・サピエンスより圧倒的に長く生存していた!

ユーラシア大陸の各地に広がっていったホモ・エレクトスは、各地域の環境に適応しながら独自の進化を遂げていきました。ひとつの種としては、とても長く生存した種であり、ジャワ島では約10万年前のものとされる化石も発見されています。エレクトス種がアフリカで誕生したのが200万年ほど前ですから、約190万年も生存していたことになります。ホモ・サピエンスの歴史は約30万年とされていますから、私たちより約6倍も長く地球上に存在していたことになります。

サルからヒトへ

化石編

04

旧大陸にはさまざまな人類が存在していた！

私たちの祖先は誰？かつては多数の人類が存在

今でこそ地球上に存在する人類は、私たちホモ・サピエンスだけですが、かつて地球上には自然環境や食生活に適応し、それぞれに特徴を持った人類の種が多数存在していました。

アウストラロピテクス属からどのようにホモ属へ移行したのか系統が

UPDATE 01 ホモ属誕生以前にもさまざまな人類がいた！

アウストラロピテクス属との共通の祖先から派生した「頑丈型猿人」と呼ばれるパラントロプス属は、特徴ある頭骨や巨大な臼歯を持っていた。

UPDATE 02 ホモ属の起源はいまだに謎！

アウストラロピテクス属からどのようにホモ属に移行したのか、系統関係についてはいまだ明確になっていないが、形態的特徴から祖先候補は複数存在する。

UPDATE 03 アフリカの原人「ホモ・エルガステル」

猿人より現生人類に近い特徴を持つアフリカの原人が「ホモ・エルガステル」。約160万年前の少年の全身骨格「トゥルカナ・ボーイ」が有名。

明らかになっていないのも、多数の化石人類の存在があったためです。今のところ「完全な二足歩行」を始めたのが初期ホモ属と考えられていますが、他の動物と人類を区別する定義として「道具の使用」や「脳のキャパシティ」などもあります。しかし、これらを定義に据えても誰が私たちの祖先なのかという問題を解決することはできません。発見された種が少なければ系統をつなげるのは難しくありませんが、同時代の同じ場所に多数の化石人類が存在していたとなると、系統のつながりを特定するのが難しくなるのです。

UPDATE 04 身長1m!? アジアのホビット「ホモ・フロレシエンシス」

インドネシアのフローレス島で発見された「ホモ･フロレシエンシス」。ホモ･エレクトスから独自の進化を遂げた種で、身長が約1mしかない。6万年ほど前まで生存していたとされる。

UPDATE 05 錯綜する人類系統！

南アフリカ共和国で発見された「ホモ・ナレディ」やスペインで発見された「ホモ・アンテセソール」など、系統的な位置づけについて議論が続いている種もある。

UPDATE 06 サピエンス種につながる?「ホモ・ハイデルベルゲンシス」

「ホモ・ハイデルベルゲンシス」は、ネアンデルタール人やホモ・サピエンスの共通の祖先と考えられてきたが、DNA解析によってその関係性が大きく変わることに。

UPDATE 01

ホモ属誕生以前にもさまざまな人類がいた!

猿人から原人へと進化のステージが進んでいく中で、当然絶滅していく種もある。アウストラロピテクスとの共通の祖先から派生した「人類に並行するもの」という意味の名を持つ「パラントロプス属」もそのひとつ。

頑丈型猿人「パラントロプス属」

トサカのような出っ張りのある特徴的な頭骨と、巨大な臼歯を持つ「パラントロプス属」。南アフリカで発見されたものを「ロブストス」、東アフリカで発見されたものを「ボイセイ」という別種として区別していますが、これらを総称して「頑丈型猿人」と呼んでいます。肉食の傾向を強めたアウストラロピテクスに対し、パラントロプスは、サバンナの栄養価の低い植物を食べていたと考えられ、それが両者の形態の違いに影響したと考えられています。

パラントロプス・ボイセイの頭骨

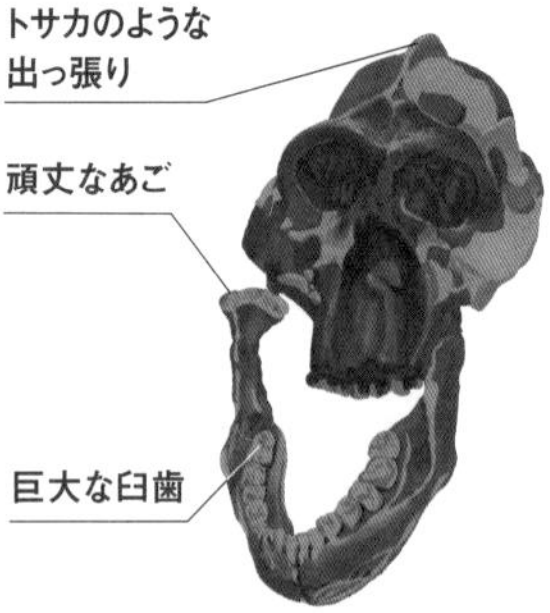

栄養価の低い植物を食していたため脳が肥大せず?

硬いナッツや皮の厚い果実を噛み砕いて食べた

草食系ゆえに脳が発達せずに絶滅の道へ!?

パラントロプス属は、約260万年前に出現し、130万年前より新しい時代に絶滅したと考えられています。彼らは、頑丈なあごと巨大な臼歯で硬いナッツなどの植物を難なく食べることができたと考えられ、食料を変えることでアウストラロピテクス属や、後にホモ属と共存することができました。しかし、パラントロプスは草食であったことが影響してか、脳を肥大化できず、そのことが絶滅につながったひとつの要因と考えられています。

UPDATE 02

ホモ属の起源はいまだに謎!

私たちサピエンス種が属する「ホモ属」。他の動物と人類を分ける定義は、「完全な二足歩行」の獲得や道具の使用、脳容積の大きさなどがあり、それをもとにホモ属への移行時期を推測することはできるが、正確な起源については明らかになっていない。

化石からホモ属と特徴づけるものは?

かつての研究者は化石からヒトである判断を下すため、道具(石器)の使用や脳の大きさという基準を設け、ホモ属誕生の移行期を推測していました。ケニア北部で約330万年前の剝片石器が見つかっており、そこから300万～200万年前のアウストラロピテクス属の中に、ホモ属に進化した種がいると推測。また、約200万年前にそれまでのアウストラロピテクス属より大きな脳を持つ種が現れるという事実も、その頃に進化が起こったという考え方に説得力を持たせています。

ホモ属を特徴づけるもの

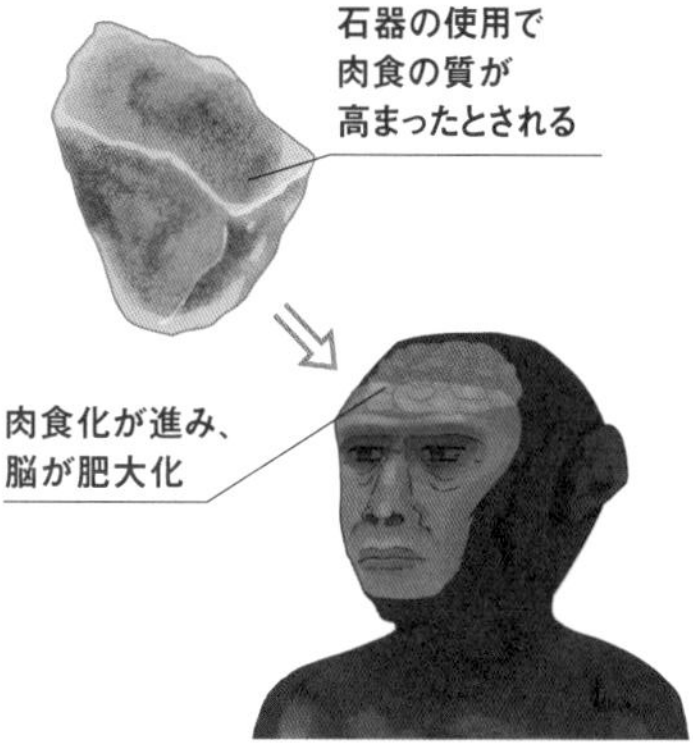

ホモ属の起源は?

最古のホモ属については議論が続く!

最古のホモ属については、いまだ議論が続いていますが、形態的な特徴から有力とされているのが、東アフリカのタンザニアで発見された「ホモ・ハビリス」です。また、ハビリス種の中で頭骨やあご、歯の形が異なり、脳容積が大きな種を「ホモ・ルドルフエンシス」という別種と考える研究者も。さらに、南アフリカ共和国で発見された約195万年前の「アウストラロピテクス・セディバ」にもホモ属の特徴が見られることから、ホモ属の起源については、多くの謎が残されています。

UPDATE 03

アフリカの原人「ホモ・エルガステル」

約180万年前になると、ホモ・ハビリスより現生人類に近い種「ホモ・エルガステル」が現れる。アフリカで猿人から「原人」というステージに進んだ種で、カラダのサイズの割にあごや歯が小さく、すらりとした体型が特徴。

約160万年前の少年「トゥルカナ・ボーイ」

ホモ・エルガステルの化石として有名なのは、ケニアのトゥルカナ湖西岸にある川の土手で発見された「トゥルカナ・ボーイ」と呼ばれる、約160万年前の少年の全身骨格です。背が高くて脚も長いすらりとした体型が特徴で、脳容積は現代人の7割ほどの大きさと推定されています。猿人と比べ、身長が高い割にあごや歯が小さいことから、やわらかいものを中心に食べていた、または調理によって食べものをやわらかく加工することができたと考えられています。

トゥルカナ・ボーイ

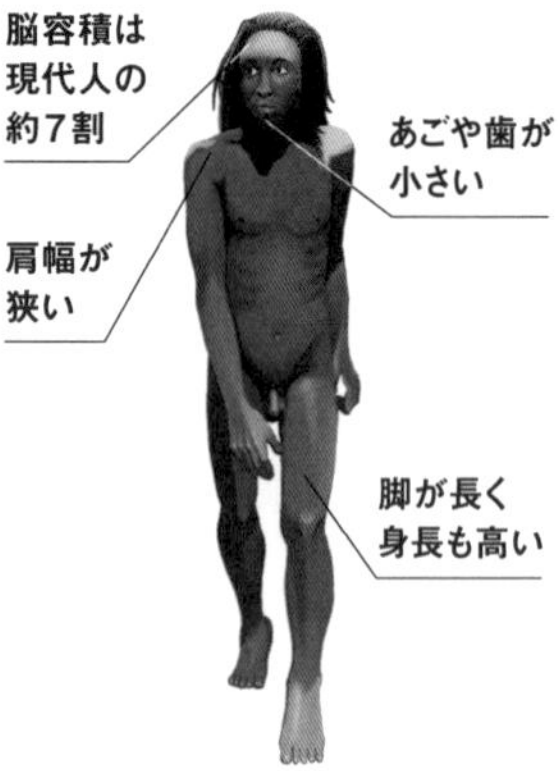

ホモ・エルガステル

アフリカを出る	アフリカに残る
ホモ・エレクトス	ホモ・サピエンスにつながる

アフリカを出るもの、アフリカに残るもの

アフリカで生まれたホモ・エルガステルですが、エルガステル種から進化したと考えられているのが、前述した原人「ホモ・エレクトス」（P26）です。彼らはアフリカを旅立ち、世界の各地域それぞれの環境に適応して独自の進化を遂げていくことになります。一方、アフリカに残ったエルガステル種は、アフリカ大陸内で独自に進化し、より現生人類に近づいていくことになります。やがて、ホモ・サピエンスへと進化するものもいたはずです。

UPDATE 04

身長1m!? アジアのホビット「ホモ・フロレシエンシス」

アフリカを出て、世界各地それぞれの特性に適応して独自の進化を遂げた原人「ホモ・エレクトス」。その進化の代表的な例のひとつとして挙げられるのが、インドネシアで発見された身長1mの小型人類「ホモ・フロレシエンシス」だ。

世界各地で独自に進化した人類たち

インドネシアのフローレス島で2001年から開始された発掘調査によって、ホモ・エレクトスから進化し、約6万年前まで生存していたとされる「ホモ・フロレシエンシス」が発見されました。身長は1mほどで、脳容積も400mlとアウストラロピテクス並みの大きさしかありません。アジアのホビット族（J・R・R・トールキンの小説に登場する小型種族）という別称もあるくらいの小型人類であり、長期にわたる島暮らしによって小型化が進んだものと考えられます。

インドネシアの小型人類
ホモ・フロレシエンシス

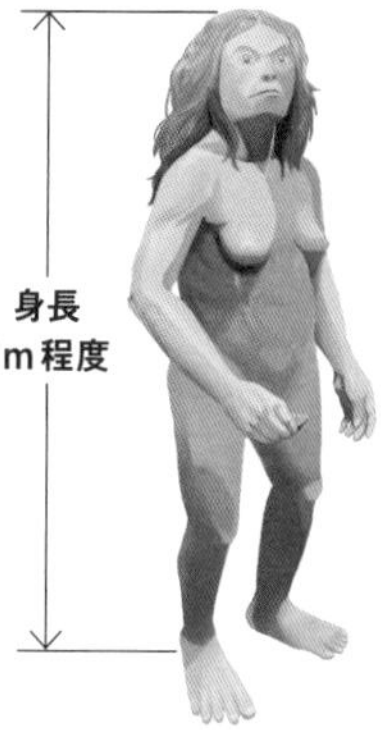
身長
1m程度

火も
使っていた
脳容積は
400ml程度
道具はサピエンス種と
同等の精巧なものを使用

脳容積は小さいがホモ・サピエンスと同じ道具を使用

狭い島での長期の生存によって、島しょ化（孤立した島で動物が矮小化する）という現象が起こり、その影響で小型化したと考えられているホモ・フロレシエンシス。前述したように脳の容積は小さいわけですが、実はホモ・サピエンスと同じレベルの精巧な道具（石器）を使用していたり、火も使っていたりしたと考えられています。脳の大きさに対し、高次の認知機能に関する能力は高く、かなりの知能を持っていたと考えられています。

UPDATE 05

錯綜する人類系統！

100万年前より新しい時代には、ホモ・エレクトスやホモ・フロレシエンシスのほかにも世界各地にさまざまな人類が存在していた。「ホモ・ナレディ」や「ホモ・アンテセソール」などは、系統関係が不明で現在も議論が続いている。

猿人と原人の特徴を併せ持つ「ホモ・ナレディ」

2015年に南アフリカのヨハネスブルク近郊のライジングスター洞窟から発見された「ホモ・ナレディ」と呼ばれる化石。約30万年前のものとされ、成人の身長は146cm、体重39～55kg、脳容積は460～610mlで、猿人であるアウストラロピテクスと、原人であるホモ・エレクトスの特徴を併せ持っています。しかし、ホモ・ナレディがホモ属のルーツなのか、それとも人類進化の異なる枝から派生した種なのか特定することが困難で、現在も議論が続いています。

南アフリカで発見された
ホモ・ナレディ

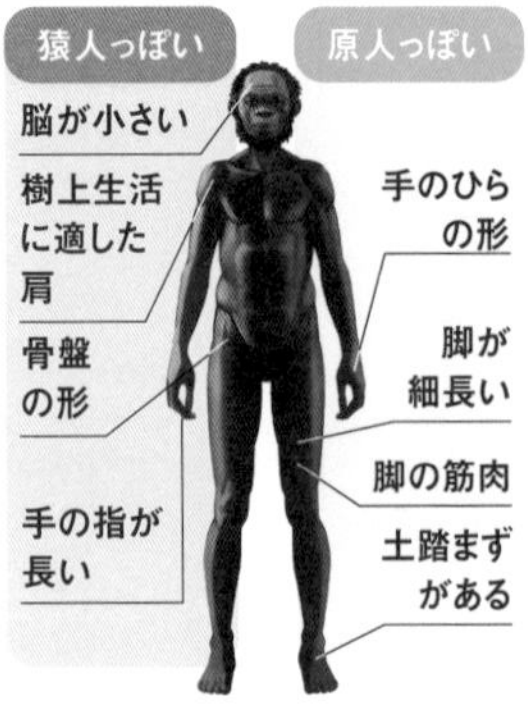

スペインで発見された
ホモ・アンテセソールの頭骨

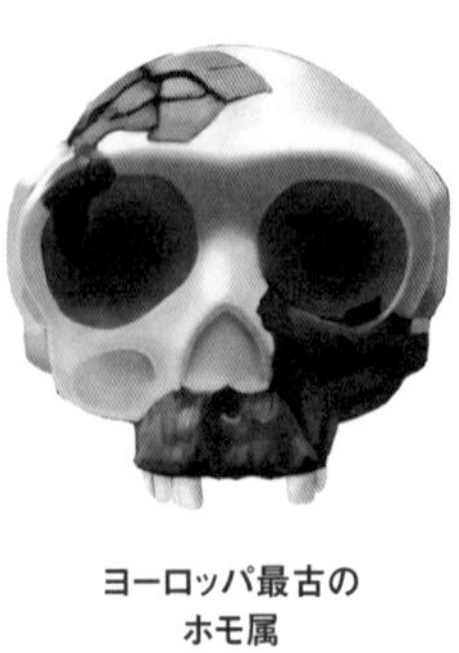

ヨーロッパ最古の
ホモ属

系統不明な人類たち

スペイン北部のアタプエルカの洞窟から発見された「ホモ・アンテセソール」と呼ばれる化石人類。約85万年前のものとされ、このことから少なくとも約100万年前には南ヨーロッパにも原人が住み着いていたと考えられています。「ヨーロッパ最古の原人」ともいわれるホモ・アンテセソールなど、同じ洞窟から後述するホモ・ハイデルベルゲンシスも発見され、その連続性を主張する意見もありますが、その後に出現する人類との系統関係はわかっていません。

UPDATE 06

サピエンス種につながる？「ホモ・ハイデルベルゲンシス」

60万～30万年前になると、「ホモ・ハイデルベルゲンシス」という「旧人」に分類されるグループが現れ、ユーラシア大陸とアフリカの広い地域に分布していたと考えられている。かつてはホモ・サピエンスの祖先とする考えもあった。

「旧人」と呼ばれるグループ

「ホモ・ハイデルベルゲンシス」は、推定身長が約180cmと大柄な体型をしており、体重も70kg以上あったと推定されています。「旧人」に分類されていますが、原人であるホモ・エレクトスに含める場合も。しかし、脳容積が800～1300ml程度とエレクトス種より増大していることから、「旧人」との移行段階の別種と捉える考えもあります。また、これまで、後述するネアンデルタール人と私たちホモ・サピエンスの共通の祖先だと考えられていました。

ホモ・ハイデルベルゲンシス

ネアンデルタール人とサピエンス種の共通の祖先とされる!?

シマ・デ・ロス・ウエソス（骨の穴）

化石からDNA分析の時代へ

これまでの化石研究での考え方として、ホモ・ハイデルベルゲンシスはアフリカで誕生し、そのうちヨーロッパに渡ったグループから後述する「ネアンデルタール人」が生まれ、アフリカに残ったグループから20万年前に「ホモ・サピエンス」が誕生したとされていました。しかし、この3者の関係は、2016年にスペインの「シマ・デ・ロス・ウエソス（骨の穴）洞窟」から発見された約43万年前の化石のDNA分析が成功したことによって、大きく変わることになります（P43）。

サルからヒトへ
ゲノム編
01

古代ゲノムが明らかにする人類史

古代DNA研究は活況のときを迎えた

　これまで私たちの祖先を探す努力は、主に化石の発見とその解釈によるものでした。しかし、21世紀になり、生物の持つDNA配列を自由に読み取れるようになったことで状況は大きく変わります。

　2006年に高速でDNAを解析する「次世代シークエンサ」が実

UPDATE 01

人類の系統研究に革命をもたらした「次世代シークエンサ」

古人骨に残るわずかなDNAを高速で解析できる「次世代シークエンサ」。この技術により、人類集団の成立のシナリオや、ヒトが生物としていかに環境に適応してきたのかなどを明らかにできるようになった。

用化され、大量の情報を持つ核DNAの解析が可能になりました。これ以前の古代人のDNA分析は、技術的な制約から、母系に遺伝するミトコンドリアDNAの情報に限定されていましたが、核DNAが持つ、父母双方からの情報を得られるようになり、古代DNA研究は活況を迎えました。

その象徴ともいえるのが、2022年、古代DNAで人類進化の謎を解明したスバンテ・ペーボ博士のノーベル生理学・医学賞の受賞です。これにより、古代DNA研究の重要性が、国際的に認められたといえるでしょう。

UPDATE 02

DNA・遺伝子・ゲノムの基礎知識

近年明らかになってきた人類の進化や、地域集団の成立の過程を理解するうえで避けて通れないのが、分子生物学や遺伝学で用いられる用語とその意味の理解。ここでは最低限必要な基礎のみを解説する。

UPDATE 01

人類の系統研究に革命をもたらした「次世代シークエンサ」

1980年代から始まった古代DNAの分析。かつては母親から受け継ぐミトコンドリアDNAといった両親の一方の情報に限定されていたが、「次世代シークエンサ」の実用化により、両親双方からの情報を分析することが可能に。

大量のDNA配列を高速で解析!

生物が持つDNAは、G（グアニン）、A（アデニン）、T（チミン）、C（シトシン）という4種の「塩基」から構成され、ヒトでは細胞の核とミトコンドリアの中に収まっています。子どもは、両親から半分ずつの遺伝子を受け継ぐわけですが、それには母から子どもへ直接受け継がれるミトコンドリアDNA、父から息子だけに継承されるY染色体という例外もあります。ヒトが持つDNAの膨大な情報を「次世代シークエンサ」が高速で解析することで、これまで不明とされていた系統関係も明らかになってきています。

細胞とDNAの構造

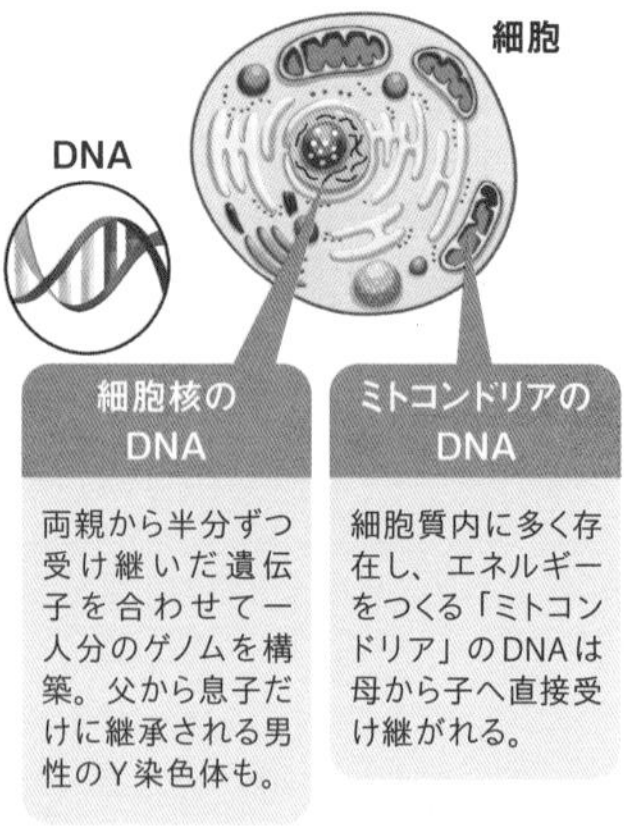
細胞
DNA
細胞核のDNA
両親から半分ずつ受け継いだ遺伝子を合わせて一人分のゲノムを構築。父から息子だけに継承される男性のY染色体も。
ミトコンドリアのDNA
細胞質内に多く存在し、エネルギーをつくる「ミトコンドリア」のDNAは母から子へ直接受け継がれる。

人類のルーツ
古代ゲノムで解明!
?
化石では
わからなかった
系統の謎
ホモ・サピエンス

古代ゲノムが解明する人類のルーツ

DNAは、細胞の入れ替わりのたびに配列をコピーしていきますが、突然変異を起こして少しずつ変化します。他人と比べると、1000文字にひとつ程度の割合で異なっているとされています。これをSNP（一塩基多型）といい、交配によって子孫に受け継がれていくため、この性質を利用すると、集団成立の歴史を推測することができます。また、遺伝子の働きを読み解くことで、自然環境や病などに適応したプロセスも解明することができます。このように古代ゲノムの分析によって、化石の形態ではわからなかった多くのことが判明しているのです。

UPDATE 02

DNA・遺伝子・ゲノムの基礎知識

古代DNAの研究で明らかになった人類の系統関係を解説していく前に、あらためて基本的な知識や用語を整理。ゲノムやDNA、遺伝子など、読み進むうえで最低限必要なものに限定して簡単に解説する。

「ゲノム」はヒトのカラダをつくる全体の設計図

「遺伝子」は、私たちのカラダを構成しているさまざまなタンパク質の構造や、それらがつくられるタイミングなどを記述している設計図。ヒトは2万2000種類ほどの遺伝子を持っており、その情報をもとに日々の生活を可能にしています。つまり、人体を構成する個別のパーツや働きを担っています。「DNA」は、その設計図を書くための文字といえます。そして、「ゲノム」とはヒトひとりを構成する最小限の遺伝子のセットであり、ひとりの個体をつくるための全体の設計図になります。

DNA　設計図を書くための **文字**

遺伝子　個別の働きを担う **各パーツ設計図**

ゲノム　ヒトひとりをつくる **設計図の全体**

ミトコンドリアDNAの系統解析の結果

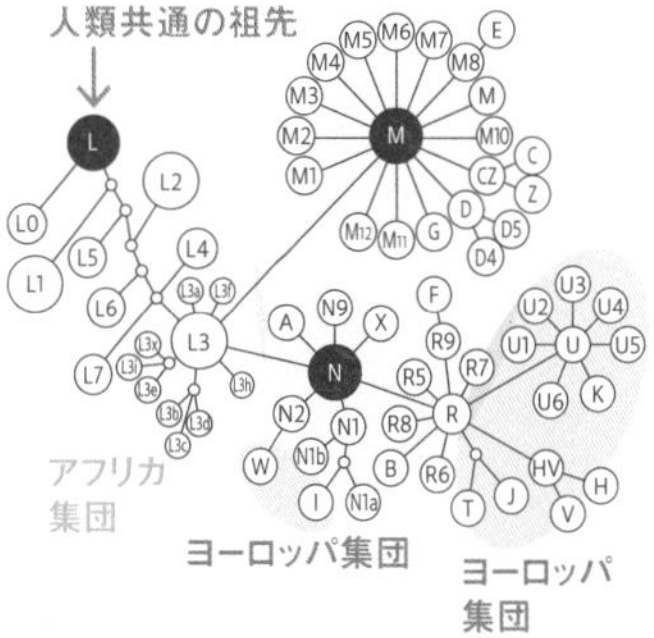

ミトコンドリアDNAの系統解析

ミトコンドリアやY染色体のDNA配列の変化をさかのぼっていくと、祖先までのルートをたどることができますが、これを系統解析といいます。そして、個人が持つこれらのDNA配列を「ハプロタイプ」と呼び、ある程度さかのぼると祖先が同じになるハプロタイプをまとめて「ハプログループ」といいます。左の図は、ミトコンドリアDNAのハプログループの系統図。人類共通の祖先はLであり、アフリカ集団のL3からアジアやヨーロッパなど世界に展開するMとNというふたつのグループが生まれているのがわかります。

サルからヒトへ
ゲノム編
02

ネアンデルタール人の祖先が判明！

DNA分析で明らかになった祖先をめぐる新たな展開

現在のところ、DNAが解析された最も古い人類化石は、前述したスペインの「シマ・デ・ロス・ウエソス洞窟」（P37）で発見された人骨です。1976年以降、28体分の人骨が発見されていますが、当初は60万年前のものとされ、形態的に約30万年前にヨーロッパに登場す

UPDATE
01

最古のヒトゲノムを発見「シマ・デ・ロス・ウエソス洞窟」

「シマ・デ・ロス・ウエソス洞窟」で発見された人骨群は、縦穴の地下13mの地点から出土。このような安定した環境に置かれていたこともDNAの長期保存を助け、最古のヒトゲノムの解析を可能にした。

ネアンデルタール人の特徴を持つ直接の祖先？

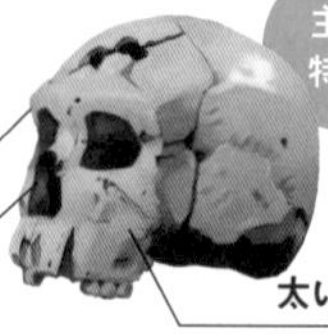

「ネアンデルタール人」は、ヨーロッパや西アジアで生存した最も有名な化石人類です。成人の推定身長は150～175cm、体重は64～82kgというがっちりした体型をしており、脳容積は1200～1750mlと推定されています。頭部は、眉の部分がひさしのように飛び出し、前に突き出た鼻や太い頬骨が特徴です。シマ・デ・ロス・ウエソス洞窟で出土した人骨には、これらの特徴が見られ、年代からもネアンデルタール人の直接の祖先だと考えられています。

る「ネアンデルタール人」に似た特徴があることから、その前に生存していた旧人「ホモ・ハイデルベルゲンシス」の仲間ではないかと考えられていました。しかし、2016年にこの人骨のDNA分析が成功し、年代が43万年前のものと訂正されたことで、ネアンデルタール人の直接の祖先と考えられるようになったのですが、分析の結果はそれほど単純なものではありませんでした。

　驚くべきことに、「デニソワ人」（P52）という新たな人類との関係性が浮上。ホモ・サピエンスを含めた3者による意外な関連が判明することになったのです。

DNA分析で明らかになった第三者との関係

シマ・デ・ロス・ウエソス洞窟の人骨は、DNA分析により43万年前の初期ネアンデルタール人のものと考えられましたが、さらにDNAによってその存在が初めて明らかになった「デニソワ人」と、ホモ・サピエンスとの関係性が明らかに。約64万年前にまずサピエンス種が3者の共通の祖先から分岐し、さらに43万年より前にデニソワ人とネアンデルタール人が分岐したことがわかりました。そして、この3者は長期にわたって交雑していた可能性も判明したのです。

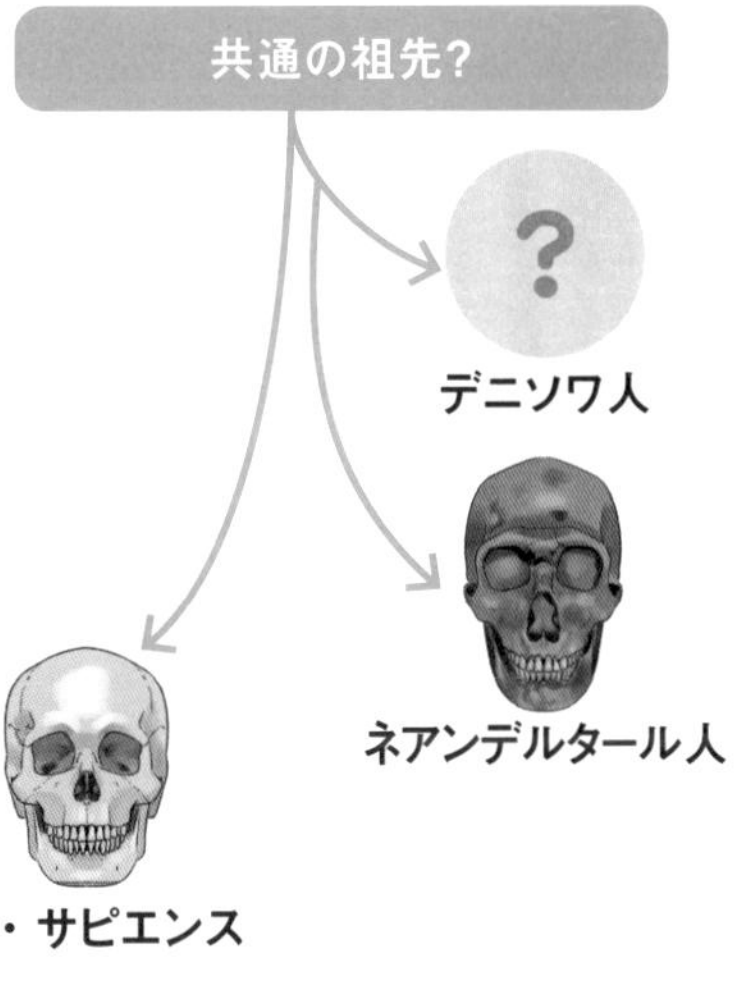

Column

コンタミネーション問題とは？

古代試料に残されたDNAはわずかで、これらの試料を増幅して分析を行いますが、このときに問題となるのが、現代人のDNAの混入（コンタミネーション）です。最初は、この問題に注意が払われることはまれでしたが、近年はDNA分析を前提とした発掘が行われ、混入を防ぐための慎重な措置が取られています。

サルからヒトへ

ゲノム編

03

ネアンデルタール人は私たちの隠れた祖先!?

現代人のDNAから交雑の証拠が見つかる

ネアンデルタール人の化石が発見された19世紀以降、彼らが私たちの祖先なのか、共通の祖先から派生した親戚なのか、論争が繰り広げられてきましたが、1997年に発表されたネアンデルタール人のミトコンドリアDNAの研究によって一応の決着を見ました。

UPDATE 01

「ネアンデルタール人」とサピエンス種は交雑していた

2010年の研究で、サハラ以南のアフリカ人を除く、アジアとヨーロッパの現代人には約2.5%の割合でネアンデルタール人のDNAが流入していることが判明。

この研究では、ネアンデルタール人がホモ・サピエンスと70万～50万年前に分岐した親戚であるとされました。また、ホモ・サピエンスの中にネアンデルタール人由来のミトコンドリアDNAがなかったことから、21世紀の初め頃は、彼らはサピエンス種と交わることなく絶滅したと考えられていました。

しかし、この結果は「次世代シークエンサ」による核ゲノム解析が可能になったことで、覆されることになります。2010年の研究で、ネアンデルタール人のDNAが現代人のDNAに流入していることが判明したのです。

UPDATE 02 ゲノムデータで明らかになった ネアンデルタール人の生活

古代ゲノムの解析によって、ネアンデルタール人の拡散のプロセスや、婚姻形態、集団形成の変遷など、彼らの生活の様子も明らかに。

UPDATE
01

「ネアンデルタール人」とサピエンス種は交雑していた

ネアンデルタール人とホモ・サピエンスが分岐して以来交雑がないということであれば、両者が共有するDNAの変異はすべての現代人の集団で等しくなるはず。そうではないのは、サピエンス種の出アフリカ以後も交雑があったということを示す。

超有名な化石人類「ネアンデルタール人」

ひさしのように大きく前に突き出た眉に、がっちりした体格で知られる「ネアンデルタール人」。2010年の研究で、サハラ以南のアフリカ人を除く、アジアとヨーロッパの現代人のDNAに約2.5%の割合でネアンデルタール人のDNAが流入していることがわかりました。ホモ・サピエンスと分岐したのちに交雑がなかったとすれば、アフリカの集団も等しくDNAに痕跡が残るはずで、そうならないということは、サピエンス種の出アフリカ後に交雑があったことを示しています。

ネアンデルタール人の形態の特徴

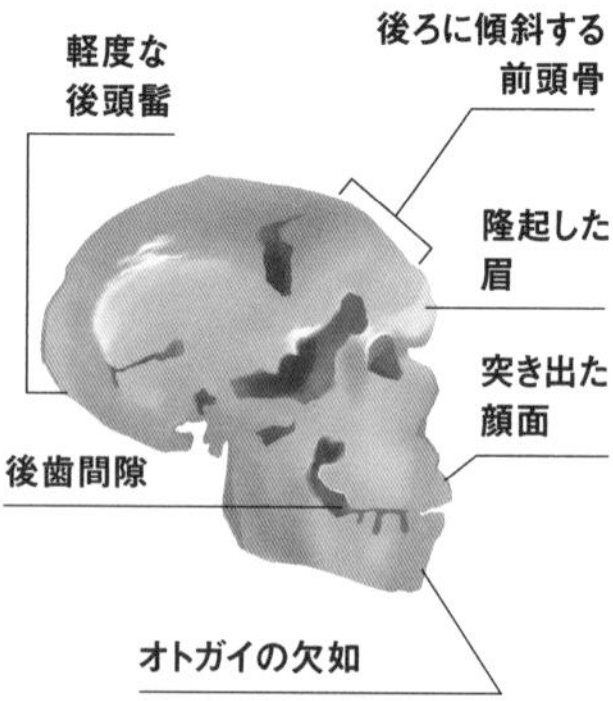

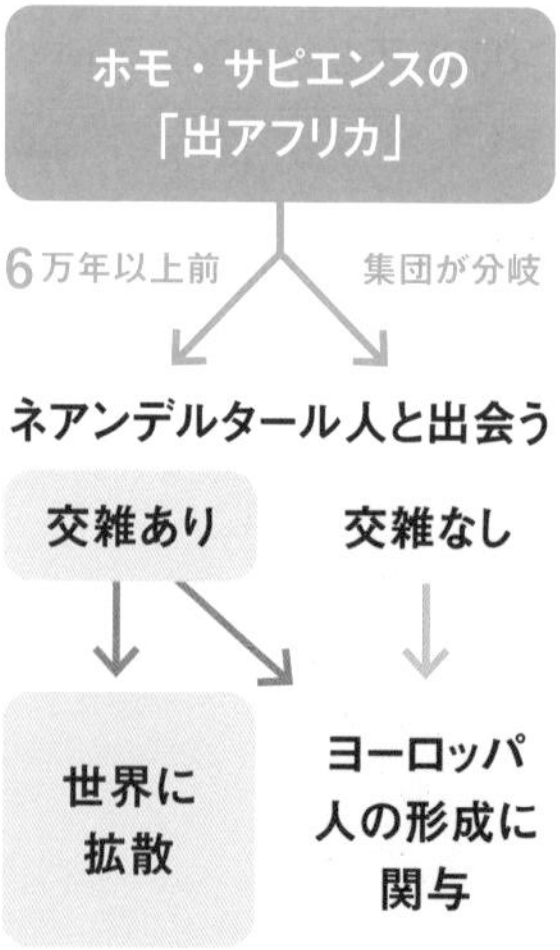

ネアンデルタール人と交雑していたサピエンス集団がいた!

ヨーロッパ人と東アジア人を比較すると、東アジア人のほうがわずかに多くネアンデルタール人のDNAを受け継いでいます。これは、ホモ・サピエンスが世界に拡散する初期の段階で、いくつかの集団に分かれて広がっていったことを示しています。その中のひとつがネアンデルタール人と交雑して世界に広がり、一方、交雑していない集団もヨーロッパの集団形成に関与したものと考えられます。いずれにせよ、ネアンデルタール人は間違いなく私たちの隠れた祖先なのです。

UPDATE 02

ゲノムデータで明らかになった ネアンデルタール人の生活

高い精度でゲノムが解析されたネアンデルタール人は、シベリア西部のデニソワ洞窟とチャギルスカヤ洞窟、クロアチアのヴィンデジャ洞窟から出土した3体。これらに加え、各地で得た複数のデータから集団形成の様子などが明らかに。

ネアンデルタール人の集団形成

右の図は、古代ゲノムの解析が行われている主なネアンデルタール人の遺跡です。これらから得たゲノムデータを解析することで、ネアンデルタール人の集団の構造や分化の様子も再現されるようになりました。例えば、チャギルスカヤ洞窟（8万年前）のネアンデルタール人のゲノムは、地理的に近いデニソワ洞窟（11万年前）より、ヨーロッパのヴィンデジャ洞窟のネアンデルタール人に近く、この事実から彼らは11万～8万年前に西ヨーロッパから東へ移動した集団の子孫であることがわかります。

主なネアンデルタール人遺跡

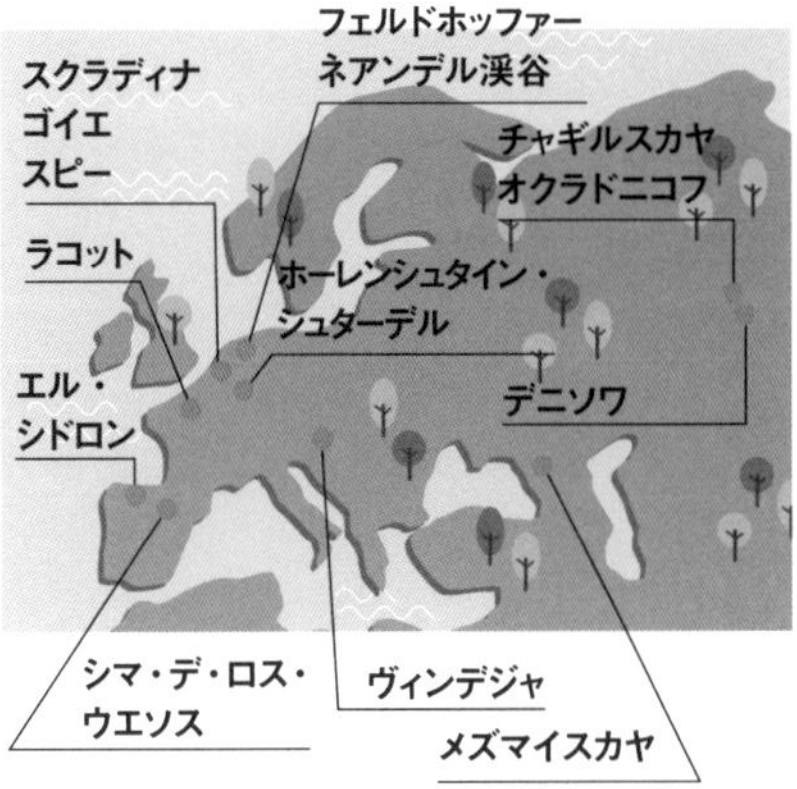

ネアンデルタール人の系統分岐

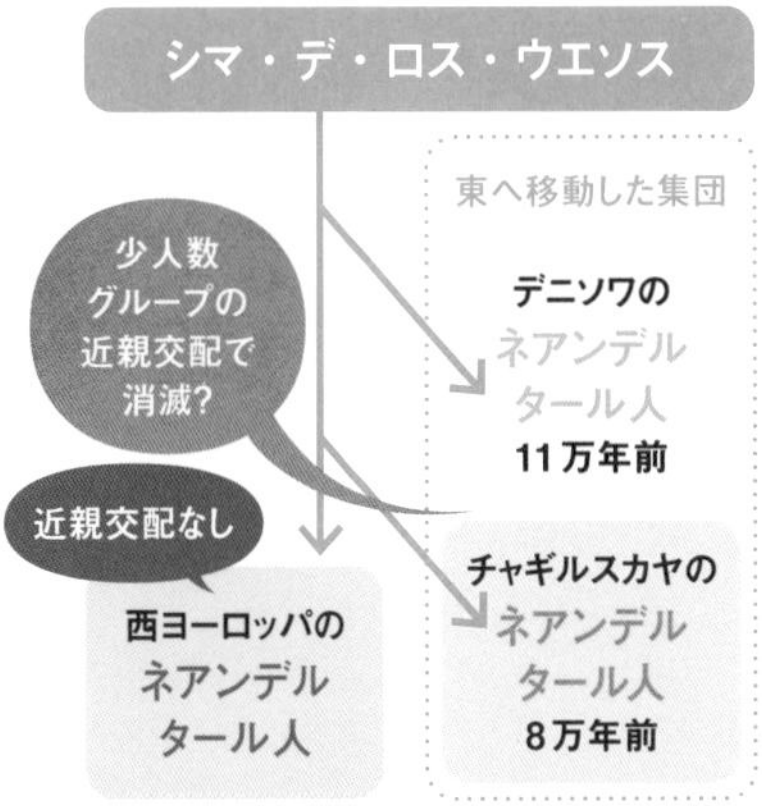

東西で異なる婚姻形態が判明!?

ゲノムの解析によって拡散の様子も明らかに。ネアンデルタール人の共通の祖先から、まずデニソワ洞窟の集団が分離し、さらにチャギルスカヤ洞窟の系統が東へ移動、その後ヨーロッパに残った系統からヴィンデジャ洞窟や他の西ヨーロッパの系統が生まれたと考えられています。また、東のグループは60人以下の少人数での婚姻（近親交配）をしていたことが判明。西の集団には見られないため、東の集団は人数が減り、近親婚を繰り返したことで消滅したと考えられています。

サルからヒトへ

ゲノム編

04

ホモ・サピエンスの特徴 もらった遺伝子と受け取らなかった遺伝子

長期にわたる3者の交雑
私たちの隠れた祖先の痕跡

私たちホモ・サピエンスと、ネアンデルタール人や後述するデニソワ人（P52）は、数十万年にわたって共存していました。互いに交雑することで遺伝子を交換してきた事実が明らかになり、彼らが私たちの遺伝子の構成に寄与したことは間違いありません。

UPDATE 01

数十万年にわたって遺伝子を交換！

ホモ・サピエンスの系統と、ネアンデルタール人やデニソワ人との共通の祖先から分岐したのが約64万年前で、ネアンデルタール人とデニソワ人が分岐したのが43万年より前の時代。この3者は数十万年にわたって共存し、交雑によって遺伝子を交換してきたと考えられている。

UPDATE 02

もらった遺伝子と排除した遺伝子は？

ホモ・サピエンスの中に残るネアンデルタール人由来の遺伝子。それが生存に有利であれば、それを持つ個体はより多くの子孫を残すことになり、その遺伝子は集団の中に残っていく。逆に生存に不利だったら徐々に集団から取り除かれていくものと考えられる。

ネアンデルタール人とデニソワ人のハイブリッド（P54）も見つかっており、どうもこの3者に関しては交雑を妨げる文化的バリアが低かった可能性があります。

2014年にデニソワ洞窟のネアンデルタール人のゲノムが現代人と同じ精度で解析されて以来、ホモ・サピエンスとネアンデルタール人のゲノムを比較する研究が続けられています。その中で、交雑によって受け継いだ遺伝子と、受け継がなかった遺伝子があることが明らかになっています。このことがサピエンス種の生存に有利に働いたのかもしれません。

ネアンデルタール人由来か?

UPDATE 01

数十万年にわたって遺伝子を交換!

下の図は、ゲノム解析で明らかになったホモ・サピエンスとネアンデルタール人、デニソワ人の系統関係を示したもの。サピエンス種の世界展開の過程で3者が互いに交雑しながら遺伝子を交換してきたことがわかる。

ホモ・サピエンスとネアンデルタール人、デニソワ人の交雑

ホモ・サピエンス、ネアンデルタール人、デニソワ人の3者は、数十万年にわたって交雑し、遺伝子を交換してきたことがわかっています。40万～10万年前のどこかの段階でホモ・サピエンスの系統とネアンデルタール人が最初の交雑を行い、ネアンデルタール人のミトコンドリアDNAとY染色体がホモ・サピエンスの祖先のものに置き換わったと考えられています。さらに、6万年前以降のサピエンス種の世界展開後も、3者は交雑を繰り返しています。サピエンス種は、他の人類を駆逐しながら世界に拡散したのではなく、他の人類の遺伝子を取り込みながら広がっていったといえます。

3種の系統と交雑の様子

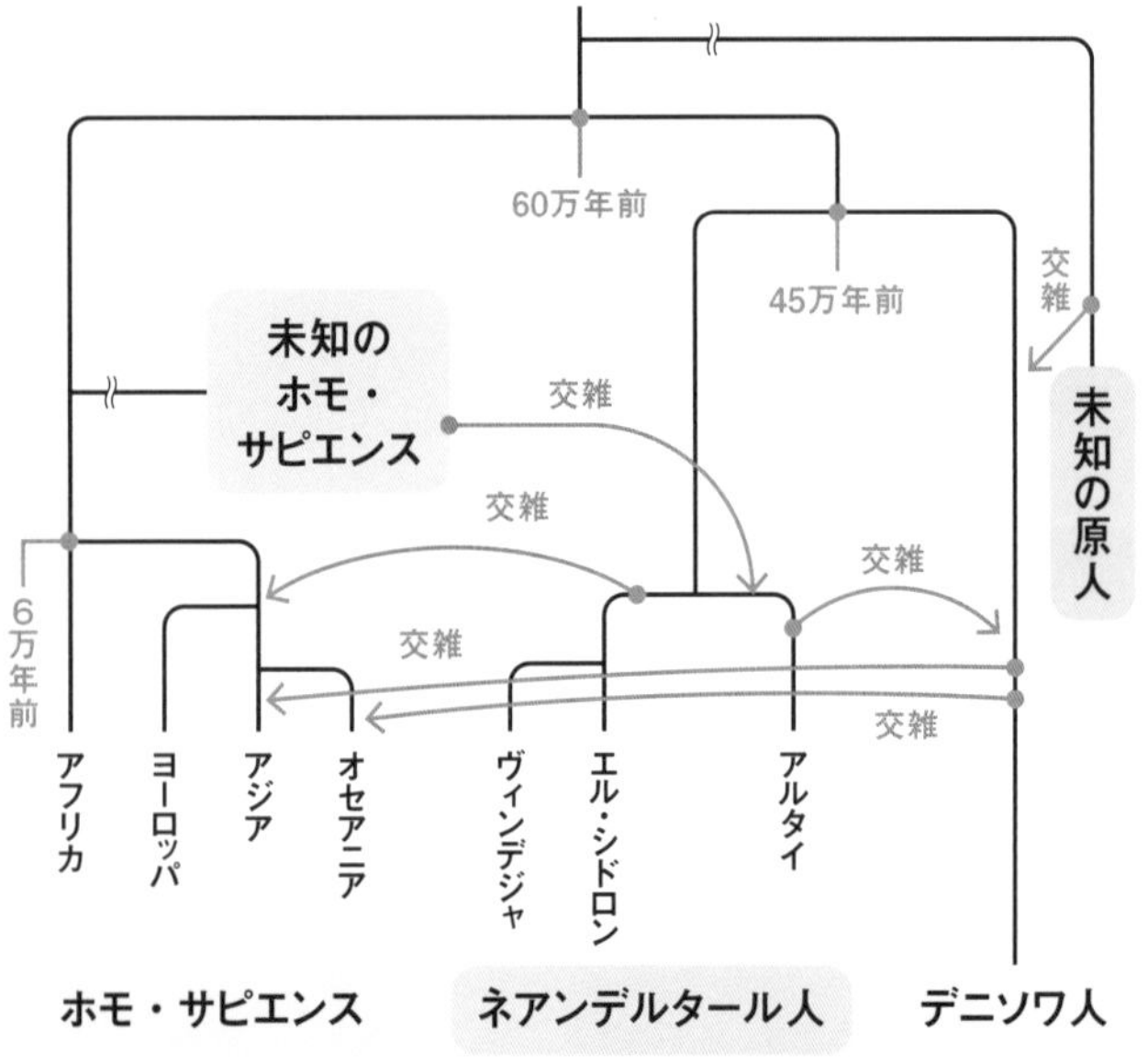

※Kuhlwilm et al. 2016を一部改変して引用

UPDATE 02

もらった遺伝子と排除した遺伝子は?

3者の交雑の事実は、なぜネアンデルタール人やデニソワ人が姿を消し、ホモ・サピエンスだけが生き残ったのか、その謎を解く手がかりともなる。生存に有利な遺伝子は集団の中に残り、不利な遺伝子は排除されていくからだ。

もらった遺伝子

ネアンデルタール人からホモ・サピエンスが受け取った遺伝子には、体毛や体色に関する遺伝子があります。ユーラシアの環境に適応していたネアンデルタール人との交雑が、寒冷気候への適応を可能にしたとされています。また、免疫系の遺伝子の研究では、免疫反応に関わるある種の遺伝子がネアンデルタール人やデニソワ人に由来すると指摘されています。COVID-19を重症化させる遺伝子もネアンデルタール人由来ではないかという可能性が示されています。

排除した遺伝子

ホモ・サピエンスの言語能力に関係するといわれる*FOXP2*遺伝子を取り囲んでいるゲノム領域では、ネアンデルタール人由来のものがまったくないことが判明。言語に関する遺伝子領域の差が、私たちとネアンデルタール人の違いを生み出している可能性が指摘されています。また、X染色体の生殖に関係する遺伝子は、ネアンデルタール人やデニソワ人由来のものは排除されています。私たちが生き残ったのは、もしかするとこの生殖能力や言語能力の差が関係しているのかもしれません。

サルからヒトへ

ゲノム編

05

小さな歯と指の骨から判明！「デニソワ人」って？

DNA証拠だけで新種とされた最初の人類

デニソワ洞窟は、中国、モンゴル、カザフスタンの国境に近いロシア・シベリア西部のアルタイ地方にある洞窟です。2010年にこの洞窟から出土した指の骨と臼歯のDNAを分析したところ、未知の人類のものであることが判明しました。「デニソワ人」と呼ばれるこの未知の人

DNAから骨格を復元されたデニソワ人

デニソワ人の化石は、臼歯や小指の骨などわずかな断片しか見つかっていない。2019年にはDNA情報から骨格の特徴を抽出し、生前の姿を復元する試みもあった。

UPDATE 01 謎多き「デニソワ人」とは？

2010年にデニソワ洞窟から出土した指と臼歯のDNA分析によって発見された新種の人類。43万年前より前の時代にネアンデルタール人と分岐し、ホモ・サピエンスを含む3者間で交雑が行われていたと考えられている。

UPDATE 02 デニソワ人はいつまで生存していたのか？

ゲノムの解析からデニソワ人が数万年前まで広範囲に分布していた可能性が示唆された。チベット高原で化石が見つかっているが、彼らがホモ・サピエンスと交雑するためには1万1000年前まで生きている必要がある。

類は、形態的な特徴が不明なまま、DNAの証拠だけで新種とされた最初の人類です。

デニソワ洞窟からは、ネアンデルタール人やホモ・サピエンスの化石や遺物も見つかっており、**異なる3種の人類によって利用**されていたことがわかっています。低温で安定した環境がDNAの長期保存にプラスとなり、発見された人骨の多くがゲノム解析され、**人類の交雑に関する新たな知見**が得られています。

ちなみに、デニソワ人のゲノムとしては、1984年に発見された乳臼歯や、2010年に発見された臼歯などが分析されています。

デニソワ人の化石が見つかった場所

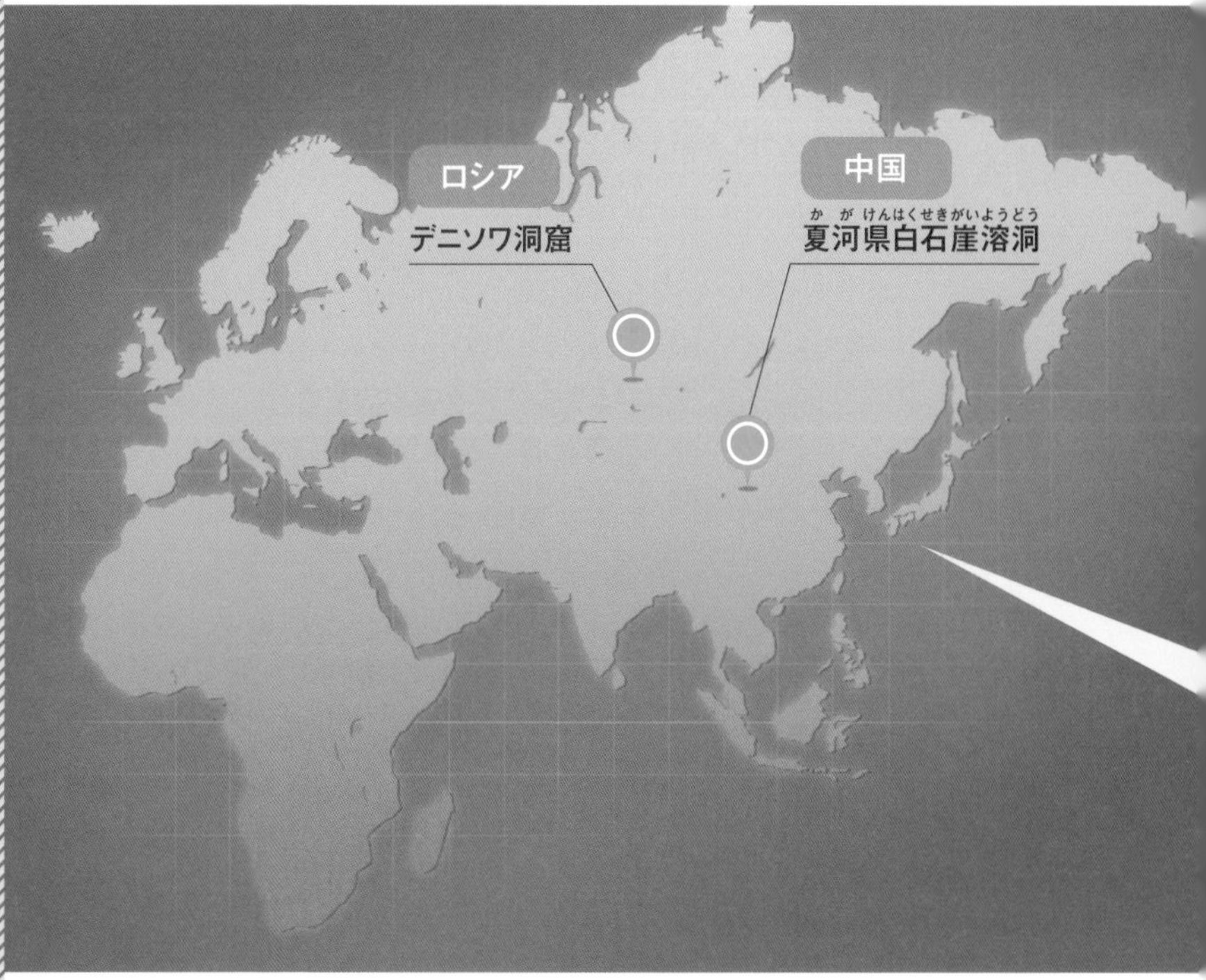

UPDATE 01

謎多き「デニソワ人」とは？

デニソワ洞窟から出土したわずかな指の骨と臼歯のDNAから発見されたデニソワ人。2018年には、同洞窟からデニソワ人とネアンデルタール人のハイブリッドも発見され、直接的な交雑の証拠が明らかになっている。

DNA証拠だけで新種とされた最初の人類

デニソワ洞窟から出土した小指の骨（デニソワ3号）と臼歯（デニソワ4号）のDNAを分析し、未知の人類であることが判明した「デニソワ人」。最初に行われたミトコンドリアDNAの系統解析では、104万年前に現生人類とネアンデルタール人との共通の祖先から分かれた人類とされていましたが、後に行われた核ゲノム解析や、シマ・デ・ロス・ウエソス洞窟のゲノム解析の結果を受け、43万年前より前の時代にネアンデルタール人と分岐した人類であると訂正されています。

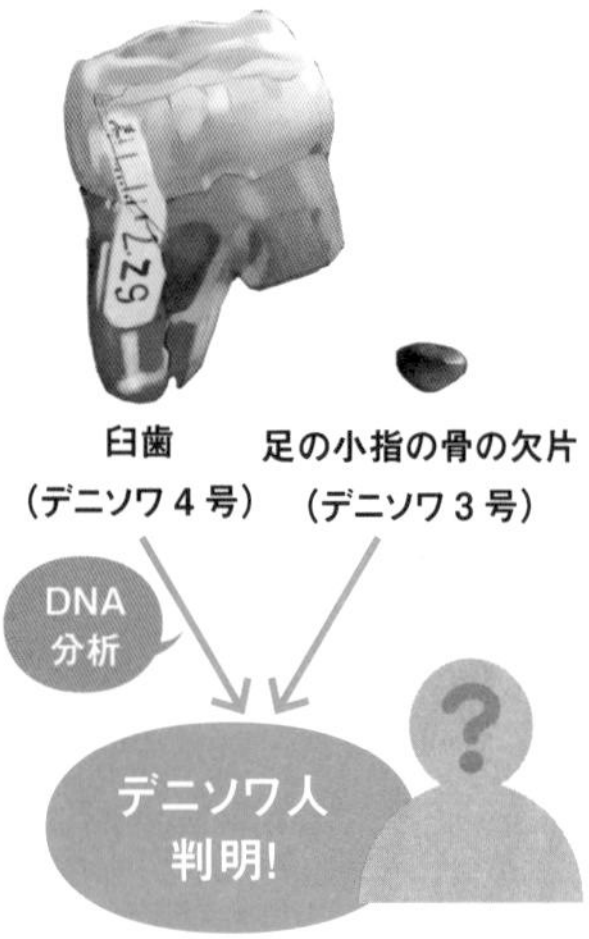

ネアンデルタール人との交雑の証拠が明らかに！

2018年に発見された9万年前の骨の破片（デニソワ11号）は、13歳前後の女性であることが判明。さらに、彼女のDNAを分析したところ、ネアンデルタール人の母と、デニソワ人の父を持つ混血であることがわかったのです。母親のネアンデルタール人はおそらく西ヨーロッパから移動してきたチャギルスカヤ洞窟の系統と考えられ、父親のデニソワ人は祖先の中にネアンデルタール人がいたことも判明。化石では知り得なかった集団の歴史が明らかになりつつあります。

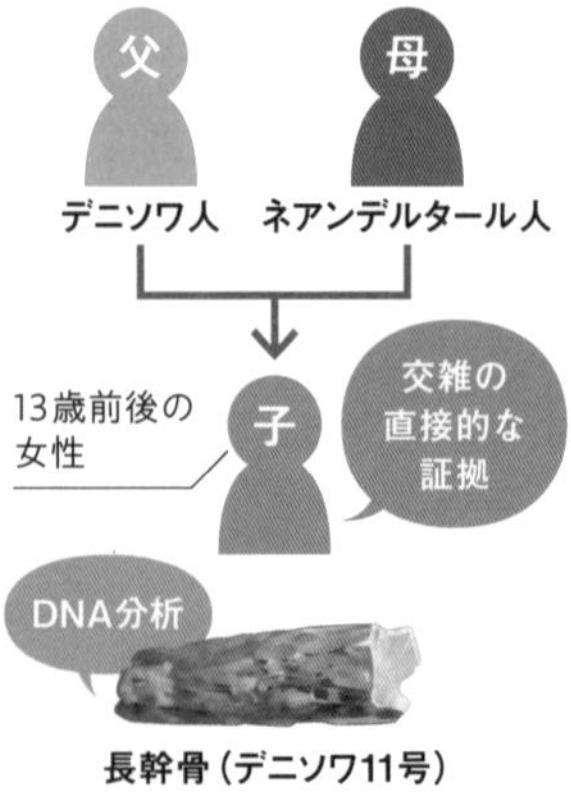

UPDATE 02

デニソワ人はいつまで生存していたのか?

パプアニューギニア人が持つDNAの3～6%はデニソワ人に由来し、チベット高原の人々の高地に適応した遺伝子もデニソワ人から受け継いだもの。これらの解析から、デニソワ人が広範囲に、しかも数万年前まで生存していた可能性が示唆されている。

パプアニューギニア人にデニソワ人由来のDNA

デニソワ人のDNAはパプアニューギニアの高地人やオーストラリアのアボリジニに3～6%受け継がれていることが判明。また、チベット高原の人々が持つ、酸素の少ない高地で有利に働く遺伝子がデニソワ人に由来するものだとわかりました。チベット高原では約16万年前のデニソワ人の化石が見つかっており、高地に適応していたものと推測できます。ホモ・サピエンスがチベット高原に進出するのは約1万1000年前のため、両者が出会うにはかなり後の時代までデニソワ人が生存している必要があります。

メラネシア集団のDNAの
3～6%はデニソワ人由来!

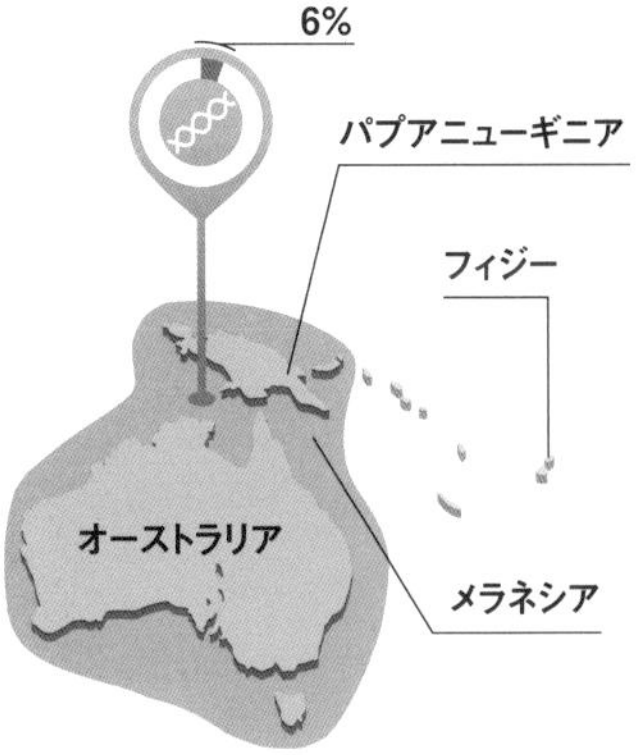

少なくとも2回交雑

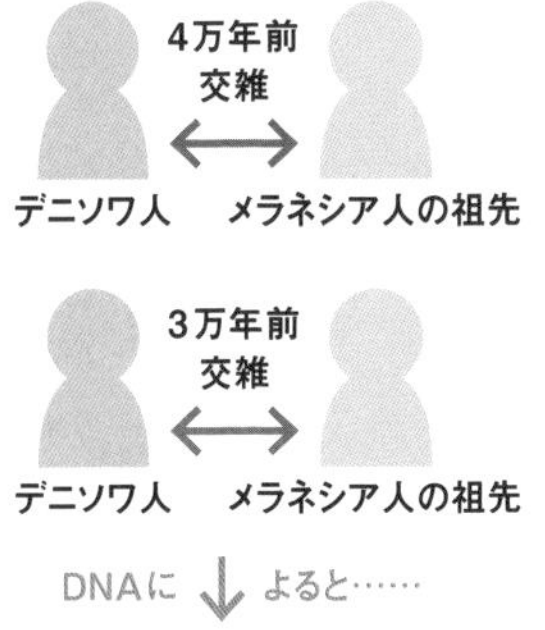

デニソワ人は
1万数千年前まで生存!?

数万年前まで生きていた可能性も!

パプアニューギニアなどのメラネシア集団に伝わるデニソワ人由来のDNAを調べると、デニソワ人とメラネシア人の祖先との交雑の状況が明らかに。彼らは少なくとも4万年前と3万年前の2回交雑しており、驚くべきことに彼らは1万数千年前まで生きていた可能性も示されました。また、広範囲の分布状況から、デニソワ人は早くに複数の集団に分岐し、住んでいる地域が遠いこと、分岐の年代が古いことを考えると、多数のデニソワ人の系統が存在していたと考えられます。

サルからヒトへ

ゲノム編

06

ホモ・サピエンス誕生のシナリオ

古代ゲノムによって書き換えられたシナリオ

古代ゲノムが解析されるようになり、「アフリカに残ったホモ・ハイデルベルゲンシスのグループから20万年前にホモ・サピエンスが生まれた」というホモ・サピエンス誕生の従来説は、デニソワ人という新たな人類もメンバーに加わったことで、大きな変更を余儀なくされました。

UPDATE 01 複数のホモ属が同時期に生存していた!

200万年前以降にホモ・エレクトスが出アフリカを成し遂げたことで、旧大陸の各地で人類化石が発見されるように。アジアでは10万年前までホモ・エレクトスが生存していたと考えられ、一方、ヨーロッパではホモ・ハイデルベルゲンシスやホモ・アンテセソールがいた。このように100万年前以降は複数のホモ属が同時期に生存していたが、その関係性や進化の道筋はあまりわかっていない。

UPDATE 02 30万年前にアフリカで誕生し、世界に拡散

原人の段階で世界に拡散し、それぞれの地域で独自に進化してホモ・サピエンスが生まれたという「多地域進化説」や、アフリカで誕生し、他人類を駆逐しながら世界に拡散したとする「新人のアフリカ起源説」などの従来説。これらホモ・サピエンス誕生のシナリオは、ゲノム解析によって大きく覆ることになった。現在のところ、30万年前にアフリカで誕生し、6万年前に世界に拡散したというのが有力な説である。

本項では、原人（ホモ・エレクトス）から旧人（ホモ・ハイデルベルゲンシスとネアンデルタール人）や新人（ホモ・サピエンス）が誕生した経緯について、化石とゲノムのデータからわかっていることを整理してみます。

下の図は、これまでにわかっている100万年前以降に生存したと考えられる人類の系統です。これを見ると、同時期に複数のホモ属が生存していることがわかります。しかし、これらがどのように関係していたのかは、現時点ではほとんど理解が進んでいません。

100万年前以降のホモ属の系統

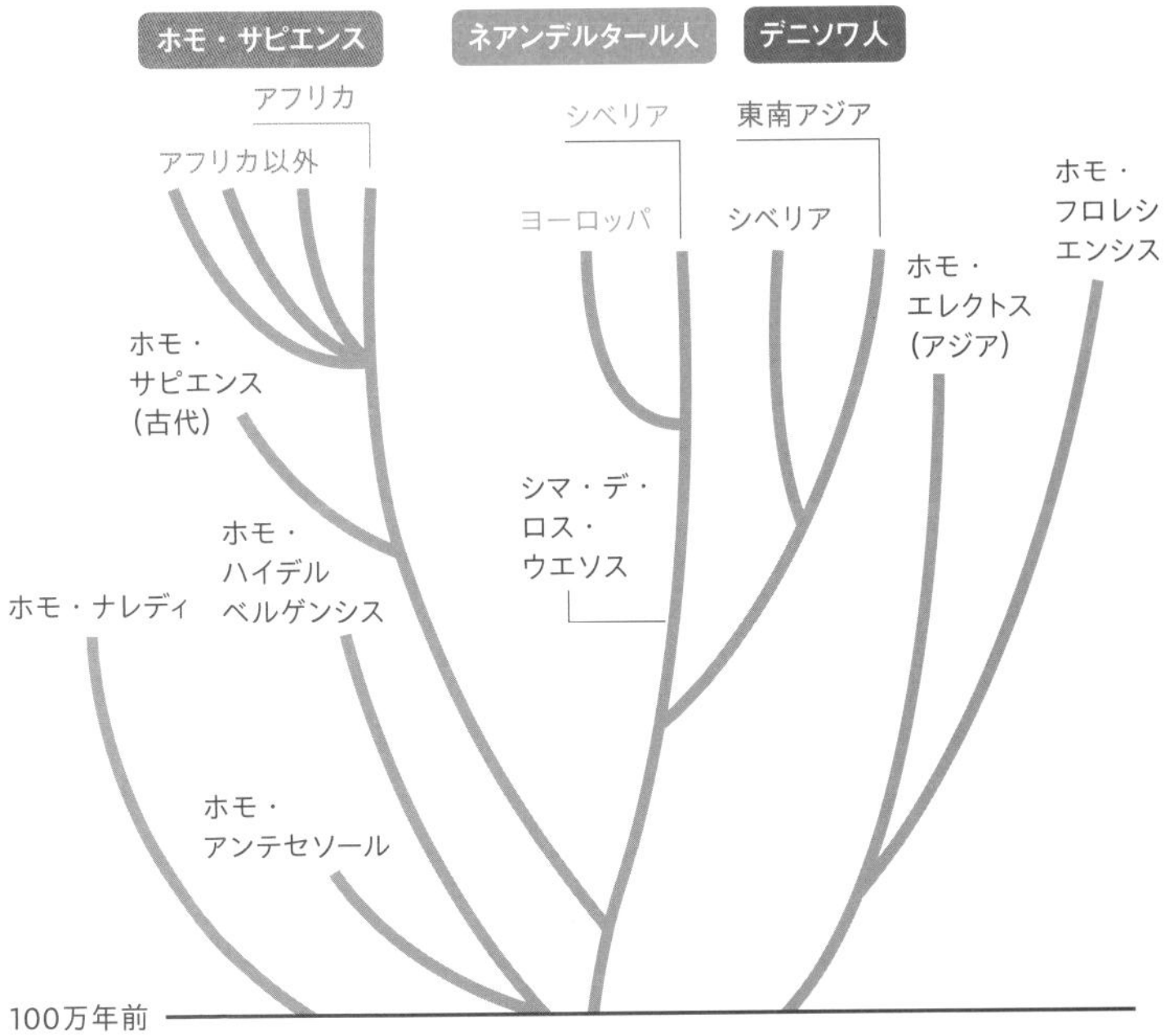

複数のホモ属の間で交雑が起こっていたことが推測される!?

UPDATE 01

複数のホモ属が同時期に生存していた！

世界に拡散していたホモ・エレクトスは、地域ごとに適応してさまざまな特徴を得たり、ヨーロッパにもホモ・サピエンスの祖先候補となる種が複数いたりと、100万年前以降は、旧大陸の各地で複数のホモ属が同時期に生存していた。

100万年前以降の進化の道筋は不明?

ホモ・エレクトスとされている化石の中には、特徴が異なっているものも。「ホモ・エルガステル」(P34) のように別種とされるものもありますが、これは例外で、北京原人やジャワ原人などはエレクトス種としてまとめられています。また、アジアのエレクトス種は10万年前まで生きていたとされ、同時期にデニソワ人やネアンデルタール人もいたはず。未知の原人と交雑したデニソワ人の可能性も示唆され、拡散した人類の系統をひと括りにするのは無理があるといえます。

ホモ・エレクトスをひと括りにするのはムリがある?

北京原人

お前もエレクトス?
デニソワかも?

ジャワ原人　デニソワ人

サピエンス種の祖先は?

ホモ・アンテセソールか?

ホモ・ハイデルベルゲンシスか?

ホモ・サピエンスの祖先候補は?

ヨーロッパでも、ホモ・ハイデルベルゲンシスとしてまとめられてきた化石人類の再検討が必要になっています。ヨーロッパ最古の人類は、今のところスペインで発見された約85万年前のホモ・アンテセソールです。大きくはホモ・エレクトスに分類されますが、年代や地域からデニソワ人やネアンデルタール人、ホモ・サピエンスの共通祖先の候補のひとつになります。ハイデルベルゲンシス種に関しては、絶滅した系統なのか、共通祖先までを含むグループなのか現状では答えが出ていません。

UPDATE 02

30万年前にアフリカで誕生し、世界に拡散

人類進化学の分野で対立していたふたつの学説は、「新人のアフリカ起源説」が「多地域進化説」の一部を取り込む形で収束。約30万年前にアフリカで誕生したホモ・サピエンスは、他人類の遺伝子を取り込みながら、世界に拡散していった。

アフリカを出たサピエンスはさまざまな人類と出会う!

現在では、ホモ・サピエンスが約30万年前にアフリカで誕生したと考えられています。しかし、ネアンデルタール人との共通祖先から約64万年前に分岐したにもかかわらず、祖先らしき化石がないことや数十万年前にネアンデルタール人との交雑があったことなどからユーラシア大陸で生まれた可能性も。現状わかっているのは、その後6万年前にアフリカを出て世界に拡散していき、さまざまな人類と出会いながら、多様な集団を形成していったことです。

異なる人類との出会い

生存に有利な遺伝子を獲得してきた!

交雑によって生存に有利な適応を起こしていった

ホモ・サピエンスは、他人類を駆逐しながら世界に拡散したのではなく、集団の形成や離散、合流を繰り返しながら、各地域に広がっていきました。このときに他の人類や他集団との交雑があり、互いに遺伝子を交換しながら変化を遂げてきたといえます。前述したように、ネアンデルタール人から寒冷地に適応する遺伝子を獲得したり、デニソワ人から高地での生活を有利にする遺伝子を獲得したり、生存に有利な遺伝子を得ながら、生き残ってきたのです。

サルからヒトへ
ゲノム編
07

ホモ・サピエンスと近縁種との交雑の歴史

過去の多くの人類を私たちの中に宿している

古代ゲノムの研究が進められていく中で、ホモ・サピエンスと近縁種との交雑の歴史が少しずつ明らかになっています。

ホモ・サピエンスとネアンデルタール人は、40万~10万年前のどこかの段階で最初の交雑を行ったと考えられています。ネアンデルタール人

UPDATE 01 近縁種との交雑の時期は?

ホモ・サピエンスの集団の中で、ネアンデルタール人由来のゲノム領域は世代を経るごとに断片化されるので、祖先の持つ断片は子孫のものより長くなる。その性質を利用することで、断片の長さからホモ・サピエンスとネアンデルタール人の交雑の時期を計算することができる。これにより詳細な交雑時期が明らかに!

UPDATE 02 私たちは過去に存在した多くの人類を祖先に持つ!

ホモ・サピエンスが、ネアンデルタール人やデニソワ人との共通祖先から分岐したのは約60万年前。そこからサピエンス種独自のDNAを獲得したはずだが、60万年間で得た固有ゲノムは全体の1.5 ~ 7%に過ぎない。私たちは孤立した単一種として存在しているわけではなく、過去の多くの人類をその中に宿しているのだ。

のミトコンドリアDNAとY染色体が、その頃にホモ・サピエンスの祖先のものに置き換わった可能性があるためです。それは、サピエンス種が本格的に世界展開をする（約6万年前）より前のこと。

そして、その後の世界展開の途中でもホモ・サピエンスは、ネアンデルタール人やデニソワ人と再び交雑することになります。私たちが持つ先行人類のDNAはこのとき受け継がれたものです。

このように、私たちは孤立の果てに地球上に立っているわけではなく、過去の多くの人類をその中に包含しているのです。

なぜ人類は ホモ・サピエンスだけが 残ったのか?

UPDATE 01

近縁種との交雑の時期は？

シベリア西部で発見された約4万5000年前のサピエンス種の男性や、ルーマニアのオアセ1号と呼ばれる約4万2000～3万7000年前の男性のゲノムを解析した結果、ネアンデルタール人との広範囲で長期にわたる交雑の歴史が明らかに。

交雑はかなり長期にわたって行われた！

ホモ・サピエンスとネアンデルタール人は、40万～10万年前のどこかの段階で最初の交雑を行ったとされます。また、シベリア西部のウスチ・イシムのホモ・サピエンス男性のケースでは、ネアンデルタール人由来のゲノム領域は約2％で、6万～5万年前に交雑があったと推定。さらに、ルーマニアのオアセ1号と呼ばれる男性のケースでは、ネアンデルタール人由来のゲノム領域を6～9％保持し、約4万年前に交雑が行われた可能性が示されました。これらの事実からホモ・サピエンスとネアンデルタール人の交雑は、広範囲で長期にわたって行われたことが明らかになりました。

約4万5000年前のウスチ・イシム（シベリア）のケース

ゲノムの断片による交雑時期の推定 6万～5万年前 ⇐ ネアンデルタール人由来の領域 約2％ ⇐ サピエンス

約4万2000～3万7000年前のオアセ1号（ルーマニア）のケース

ゲノムの断片による交雑時期の推定 約4万年前 ⇐ ネアンデルタール人由来の領域 6～9％ ⇐ サピエンス

つまり

＼上記のケースのように／ 世界展開後も各地で交雑 ⇐ ＼40万～10万年前／ 最初の交雑

長期かつ広範囲に交雑が行われていた！

UPDATE 02

私たちは過去に存在した多くの人類を祖先に持つ！

私たちは他人類を駆逐して生き残ったのではなく、交雑によって遺伝子を交換しながら、過去に共存してきた多くの人類のゲノムを受け継いでいる。ゲノム編集といった新しい技術も導入され、人類進化の謎の解明はさらに加速していく。

固有のゲノムはわずか1.5～7%

ホモ・サピエンスが、ネアンデルタール人やデニソワ人との共通の祖先から分岐したのは約60万年前。そこから60万年間の進化の過程において、サピエンス種独自のDNAを獲得してきたはずですが、固有のゲノムは全体の1.5～7%しかありません。私たちのゲノムの中には、過去に共存してきた異なる人類のゲノムが土台として残っています。人類進化の歴史を概観すると、地理的な隔離による分化とともに、近縁種との交雑がホモ・サピエンスの形成に重要であったといえるでしょう。

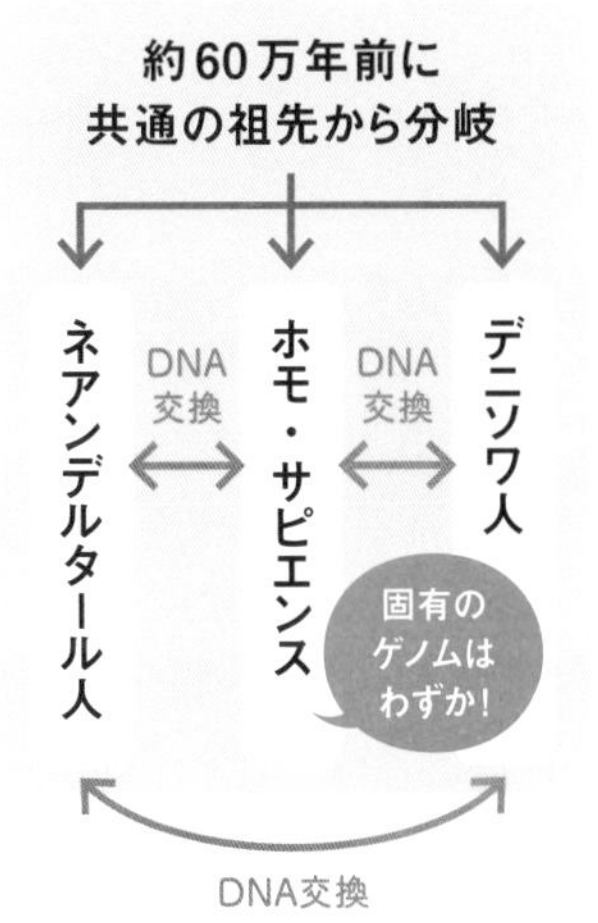

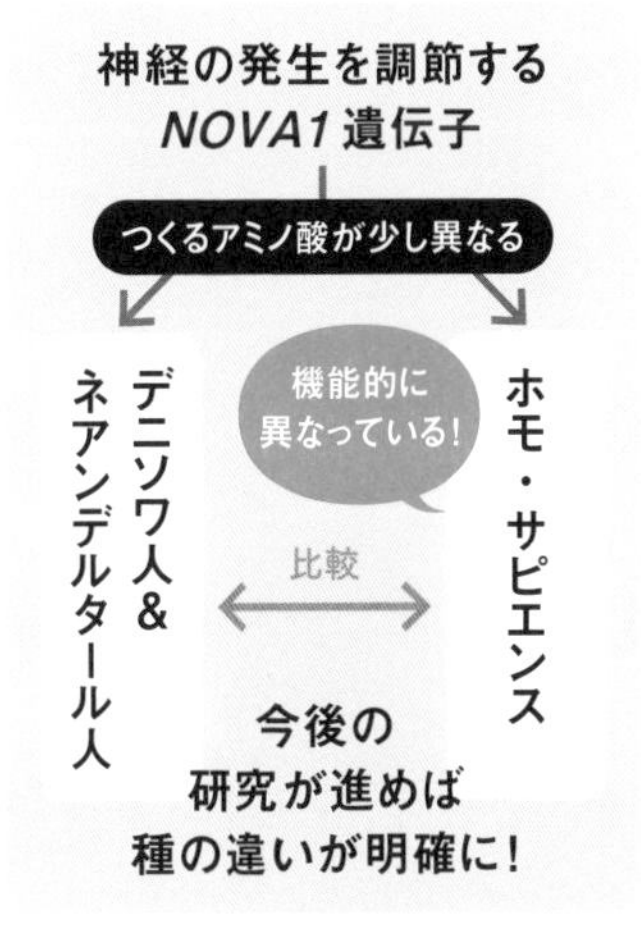

サピエンス種にない遺伝子の変化が61個発見された

ネアンデルタール人やデニソワ人、ホモ・サピエンスの全ゲノムを比較する研究が行われ、ホモ・サピエンスだけにない遺伝子の変化が61個発見されました。そのうちのひとつ「*NOVA1*」という遺伝子の変異について、遺伝子編集の技術を利用し、ネアンデルタール人の脳組織をつくりました。その機能を比較したところ、ホモ・サピエンスと機能的に異なっていることが判明しました。このような新技術によって、サピエンス種と他人類との差がさらに明確になっていくでしょう。

Column 1

まだまだいる!? 未知の人類たち

古代ゲノムの分析によって、「デニソワ人」（P52）という新たな人類が発見されることになりました。化石による形態的な特徴が確認されない状態で、DNA の情報のみで新種として認められた初めてのケースでした。

今後も研究が進められていけば、さらなる未知の人類が見つかる可能性が高いといえます。

ネアンデルタール人の DNA が、アフリカの現代人にもごくわずかに伝わっていることがわかっています。これは、ネアンデルタール人と交雑していたアフリカ外部のホモ・サピエンスが、歴史の中で再びアフリカに戻って、在地のホモ・サピエンス集団と交雑することで、現代のアフリカ人にもネアンデルタール人のゲノムが含まれるようになったためであると考えられます。

一方、サハラ砂漠より南に住むアフリカ人には、ネアンデルタール人との混血がなかった集団もいました。彼らと、ネアンデルタール人、デニソワ人の遺伝的な違いを比較したところ、本来同程度になるはずが、デニソワ人との違いがやや大きく出ました。これは、デニソワ人が「未知の人類」と交雑した可能性を示しています。

140 万～ 90 万年前にホモ・サピエンス、ネアンデルタール人、デニソワ人の共通の祖先から分岐したもうひとつの未知の人類がいて、それがデニソワ人と交雑したのではないかと考えられているのです。

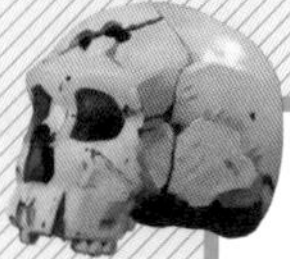

第2章

ホモ・サピエンスの誕生と世界展開

世界展開

01

世界史が教えない人類の旅路

世界に拡散した人類の選択による多様性

私たちが学校で習う世界史は、基本的に文明が誕生して以降5000年間の社会変遷を記述したものです。ホモ・サピエンスの誕生が30万～20万年前と考えると、学校の歴史で教わるのは、私たちが歩んできた全旅程の約40分の1、これから解説する「出アフリカ」以

ホモ・サピエンスの初期拡散

UPDATE 02

ホモ・サピエンスの集団形成と世界への旅立ち

ホモ・サピエンスは30万～20万年前にアフリカで誕生。そこから10万年以上もアフリカ大陸内を移動していたと考えられる。そして6万～5万年前にアフリカを旅立ち、世界各地に拡散。終着地の南太平洋まで長い旅が続いていく。

降の話でも1割に満たない時間的なスケールのものになります。

この世界史における空白期を明らかにしてきたのが、考古学や自然人類学です。ホモ・サピエンスがアフリカで生まれ、やがて世界に拡散して各地で文明をつくり上げたという事実は、言い換えれば「ヒト」という共通の基盤の上に立っているということを表します。各地の歴史的な経緯や地域的環境こそ違うけれど、それは各地に散らばった人々の選択による「多様性」なのです。

本章で解説する「出アフリカ」と「世界拡散」の様子も、そういう視点を持つきっかけになるはずです。

UPDATE 01

世界史の教科書は人類誕生から5000年前までが空白！

歴史は文字の発明とともに始まるため、学校の世界史では5000年前以降の社会の変遷を記述したものとなる。しかし、それは私たちが歩んできた旅程の40分の1、ホモ・サピエンスの世界拡散以降の話だけでも、たった1割に過ぎない。

UPDATE 01

世界史の教科書は人類誕生から5000年前までが空白！

世界史が教えるのは文明が発達し、文字が発明された約5000年前以降の話。しかし、人類がチンパンジーとの共通の祖先から分岐したのが約700万年前であり、人類進化全体の時間的スケールからすると、ほんのわずかでしかない。

文字資料がなく、化石で追求できなかった空白期

最古の人類「サヘラントロプス属」が現れたのが約700万年前、私たちホモ・サピエンスが誕生したのが約30万年前、アフリカを出て世界拡散が始まったのが6万～5万年前、農耕の始まりが約1万年前です。世界史が教えるのは、5000年前の文明誕生以降の話で、それ以前の文字がない時代のことはほとんどが空白。これまでは化石などの解釈から推定するしかありませんでしたが、古代ゲノムの解析によって、空白だった人類の旅路がより詳細に明らかになってきています。

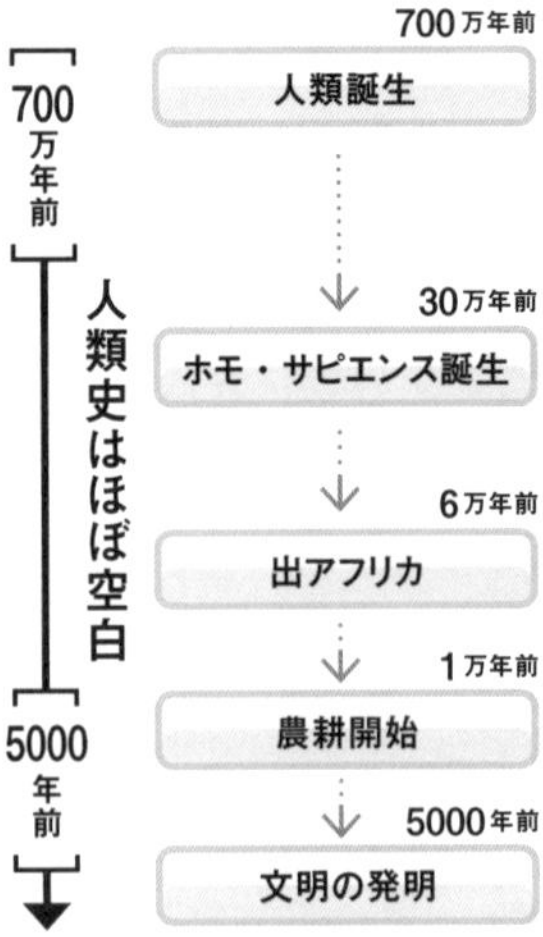

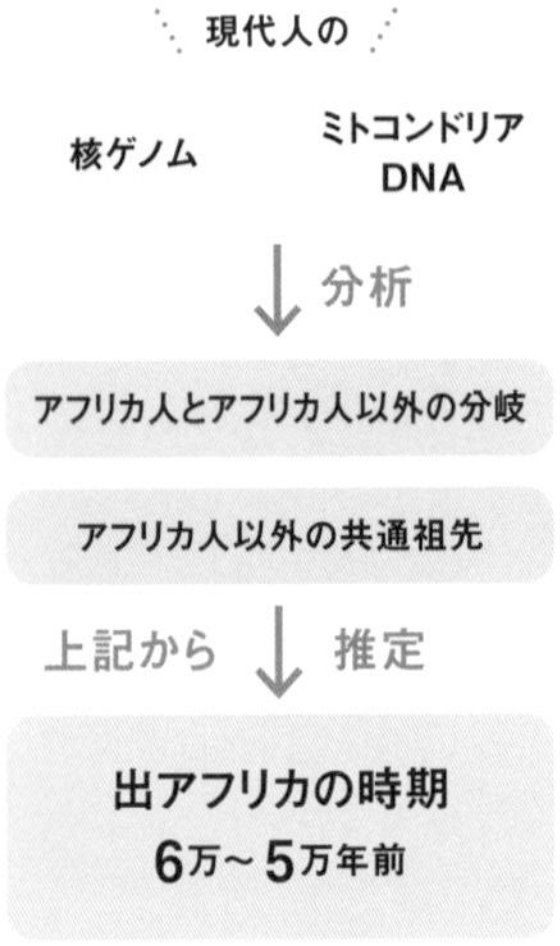

DNAで明らかになった人類のグレートジャーニー

ホモ・サピエンスの「出アフリカ」は、人類史の中でも特筆すべき出来事です。活動範囲を一挙に押し広げ、現在に至る繁栄のきっかけとなりました。20万年前以降から出アフリカの試みは何度かあったようですが、本格的な世界展開は6万～5万年前と考えられています。その根拠のひとつは、現代人のミトコンドリアDNAやゲノムを分析し、アフリカ人の集団とアフリカ人以外の集団が持つ系統の分岐年代を推定したデータによるものです。

UPDATE 02

ホモ・サピエンスの集団形成と世界への旅立ち

ホモ・サピエンスは、10万年以上も誕生の地アフリカで過ごした。その頃には今の私たちと知力も能力もさほど変わりはなかったと考えられる。そんな彼らが、数万年をかけて世界に展開していき、終着の地である南太平洋まで壮大な旅を続けることに。

誕生の地アフリカで10万年。世界の果てまで旅は続く

ホモ・サピエンスは誕生から10万年以上アフリカで過ごした後、6万～5万年前に本格的な出アフリカを果たします。4万～3万年前にユーラシア大陸各地に広がり、約4万7000年前にはオーストラリアにも達しています。その後、北端のベーリンジアでの滞留を経て、2万～1万6000年前にアメリカ大陸に到達。一方、台湾からのルートで南太平洋へも進出し、ポリネシアに到達する1500年前頃まで、長く壮大な人類の「グレートジャーニー」は続くことになります。

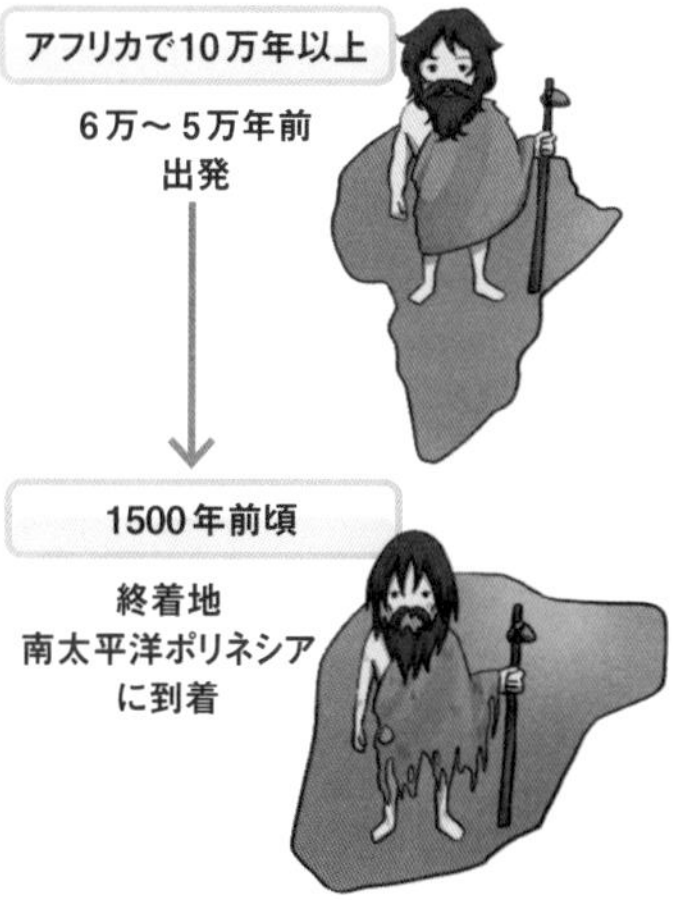

ホモ・サピエンスの歴史における地域集団・民族・人種とは?

全体の20分の1のスケールしかない

200～100年前	地域集団	遺伝学では、現在の地域集団は3世代程度の歴史を持つものを指す。
1万年前	民族	同じ言語や宗教などで集団を形成。現在ある民族は長いものでも数千年の歴史しかない。
6万～1万5000年前	人種	人類の世界展開以降、各地で集団の離合集散を繰り返しながら、それぞれに特有の遺伝的特徴を獲得。

ホモ・サピエンス誕生（約30万年前）

サピエンス種の集団形成は選択の結果に過ぎない

現代社会には、言語や宗教などの違いによる「民族」や、肌の色の違いなどによる「人種」といった概念が存在します。しかし、これらには生物学的な基礎はなく、サピエンス種全体の歴史から見れば、これらの変化もごく短い期間に生じたものです。私たちは世界展開以降、集団の離合集散を繰り返し、遺伝子を変化させてきました。私たちサピエンス種は、生物学的に細分化できないひとつの種であり、現在の姿は各地の環境への適応の違いや歴史的な経緯による「選択の差」に過ぎないのです。

世界展開 02

ホモ・サピエンスの故郷はアフリカ大陸！

アフリカで10万年以上！時間をかけて現代型が誕生

現在のところ、ホモ・サピエンスは30万～20万年前にアフリカで誕生し、その後10万年以上もアフリカの地で過ごしていたと考えられています。数十万年前にネアンデルタール人との交雑があったことなどを考えると、その間も何度か出アフリカを試みた集団は存在したと考えら

UPDATE 01 交流の中で生まれた現代型のホモ・サピエンス

アフリカでは約30万年前以降の初期ホモ・サピエンスの化石がいくつか見つかっている。それぞれの化石の形態にはバラツキがあり、旧人に似た特徴も見られる。

UPDATE 02 アフリカ大陸内における集団の分岐

同じ地域に長く暮らすほど、個体間の遺伝的な違いが大きくなる。DNAの変化を分析することで、アフリカ大陸内での集団の分岐が見えてくる。

UPDATE 03 アフリカに残ったグループのその後

東アフリカから出アフリカの集団が分岐して世界に拡散していくが、アフリカに残った集団も大陸内を移動し、農耕や牧畜を営む多様な集団を形成していく。

UPDATE 04 古代ゲノムで推測するアフリカ大陸の初期拡散

ゲノム解析によると、アフリカ集団の祖先地は中央アフリカだと考えられる。そこから東や南へ移動する集団があり、東から出アフリカの集団が分岐する。

れますが、本格的な世界展開は6万~5万年前まで待つことになります。

また、現代型のホモ・サピエンスが完成された形で誕生したわけではなく、初期のサピエンス種は旧人に似た特徴を持っていたと考えられています。個々の化石を見ていくと、アフリカ大陸のさまざまな地域の環境に適応した複数の系統が存在し、これらが広範囲に交流しながら、現代型のサピエンス種が形づくられたものと見られます。現代型のサピエンス種が完成するのは、10万年前以降のことだと考えられているのです。

10万年以上アフリカ大陸にいた!

いろいろなホモ・サピエンスの系統が交雑し、
環境に適応しながら現代型に!

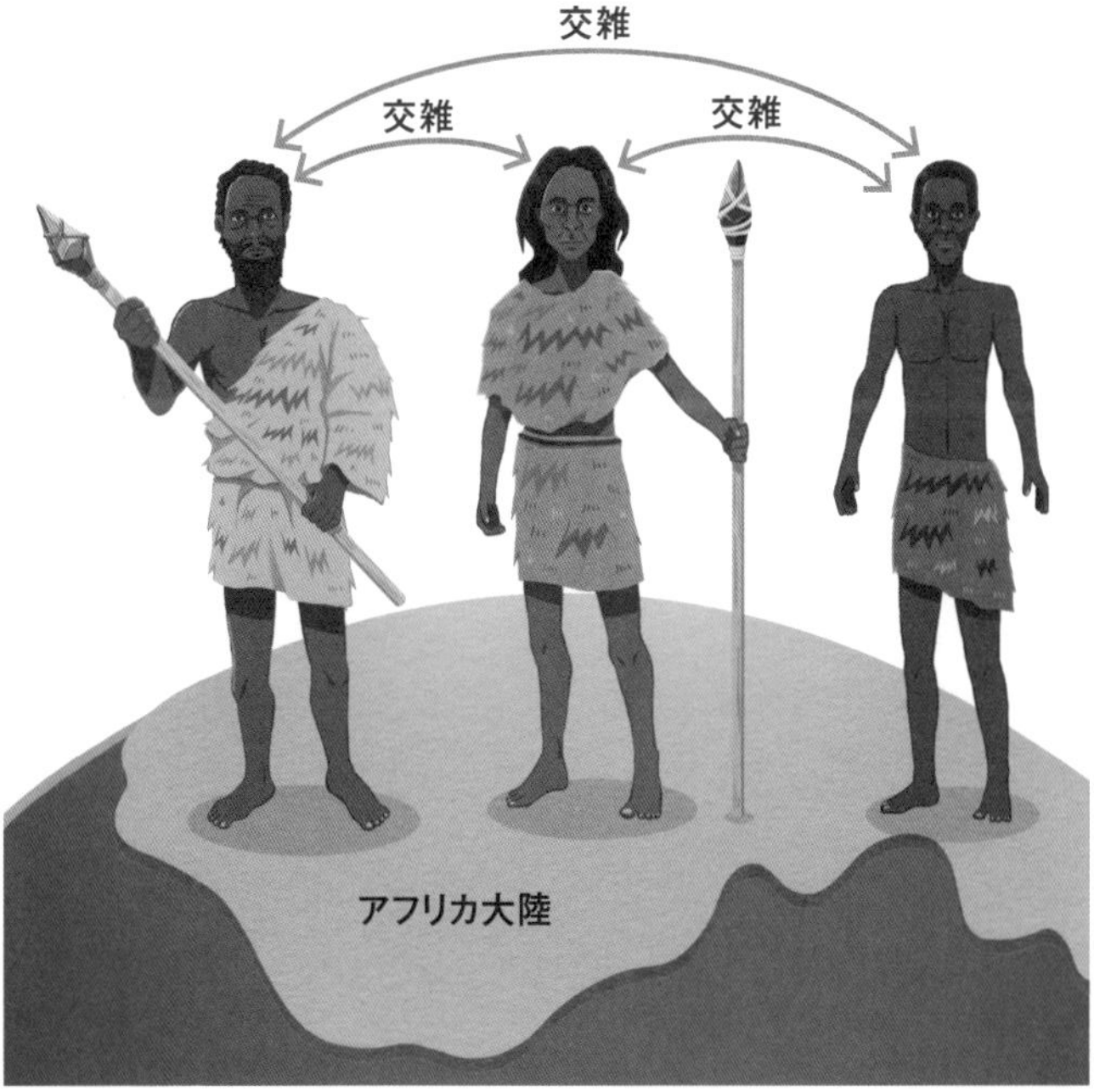

UPDATE 01

交流の中で生まれた現代型のホモ・サピエンス

ホモ・サピエンスは、小さくて繊細な顔面、高くて丸い頭蓋冠などの特徴を持つが、初期の化石では形態にバラツキがあり、複数の系統が長期にわたって広範囲で交雑しながら現代型の特徴を獲得していったものと考えられる。

30万年前の初期サピエンスは旧人に似た特徴が！

モロッコのジェベル・イルードで発見された約30万年前の初期ホモ・サピエンスの化石。顔面部は垂直でサピエンス種の特徴を持っていますが、後頭骨が細長く、下顎の突き出し（オトガイ）がないといった旧人に似た特徴を持っていることから、別種と考える意見もあります。他にも30万～10万年前の初期サピエンス種の化石では、形態にバラツキがあり、現代人のように丸くて高い頭蓋冠は、アフリカでは10万年前以降に出現したとされています。

初期のホモ・サピエンス
ジェベル・イルード（30万年前）

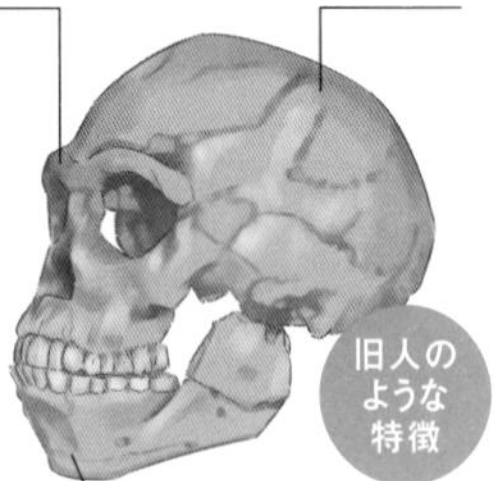

環境や文化に適応しながら変化してきた！

個々の化石を見ていくと、時間が経つにつれ、現代型のホモ・サピエンスが完成していくように見えます。これはひとつの系統が単独で進化したのではなく、複数の系統が広い範囲で交流していた結果と考えるほうが自然です。13万5000～7万年前のアフリカは、極端な乾燥や湿潤という気候変動を繰り返していた時代。さまざま自然環境や生態系に適応する集団が数多く存在したはずで、それらが交雑や交流をすることで、現代型のサピエンス種が生まれたのでしょう。

UPDATE 02

アフリカ大陸内における集団の分岐

現代のアフリカは、砂漠や高山地帯などの自然環境、農耕や牧畜などの生業、話す言語と遺伝子が歴史の中で複雑に絡み合うことで形成されてきた。アフリカの歴史を見ることは、世界の集団の形成史を理解することにつながる。

言語集団からの推測

言語の分布と集団の遺伝的な構成には密接な関係があります。アフリカで話されている言語は、大きく分けて4つ。アフロ・アジア言語は、北部や東部の牧畜民や牧畜農耕民の言葉で、ナイル・サハラ言語は主に中央および東部の牧畜民の言葉です。コイ・サン言語は東部と南部の狩猟と採集を中心に生活する人々の言葉で、ニジェール・コンゴ言語は農耕民の拡散によって広範囲で使われることに。言語や生業、地理的分布の違いは、集団成立のシナリオのヒントとなります。

言語集団の分布と予想される
移住の状況

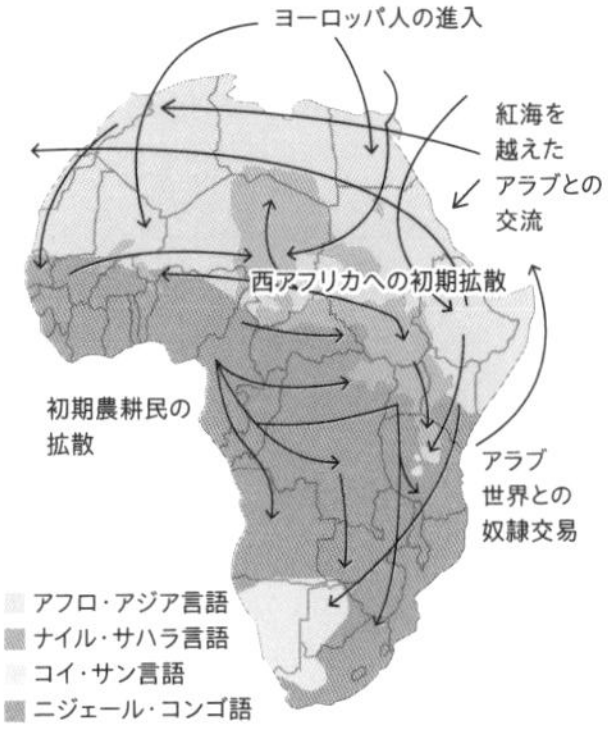

※Campbell & Tishkoff 2010 より一部改変して引用

DNAの系統から見た
アフリカ人の集団分岐

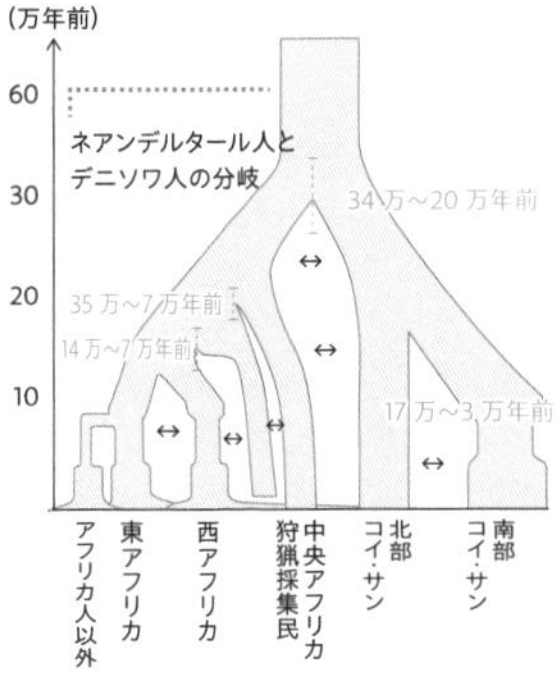

※Hollfelder et al. 2021 を一部改変して引用

DNAの系統から見た集団の分岐

左の図は、アフリカ人のゲノムデータから集団の分岐を表したもの。ホモ・サピエンスの共通の祖先から最初に分岐したのは34万～20万年前のコイ・サンのグループで、彼らはさらに南北の集団に分かれます。次に中央アフリカの狩猟採集民が35万～7万年前のどこかで分岐していますが、この時期に消滅した未知の集団も数多く存在し、分岐を繰り返していたと考えられます。最後に東アフリカのグループが分岐し、そこから世界展開をする集団が現れることになります。

UPDATE 03

アフリカに残ったグループのその後

人類が世界展開を果たした後、アフリカに残ったグループのその後を見ていく。5000年前より新しい時代のアフリカ内部の歴史や集団の形成過程において、初期農耕民の移動や牧畜民の草原地帯への進出が大きく影響する。

4000年前の初期農耕民の移動

アフリカの集団の分化に大きく影響したのは、約4000年前にアフリカ西部で始まった農耕と、初期農耕民の移動だと考えられています。農耕は狩猟採集よりはるかに多くの人口を養うことができます。それを契機に引き起こされた初期農耕民の拡大は、狩猟採集民のテリトリーに進出することを意味し、進出による集団の融合や置き換えが起こったはず。その証拠はアフリカ人のゲノムの中に残っています。気候の変動と作物との関連が、移動や拡散の契機になったとする意見も。

農耕によって多くの人口を養えるように！

正の自然選択を受け、乳糖耐性の変異を獲得

ミルクを栄養源に！

牧畜民がステップ地域への進出を可能に

農耕が困難な乾燥したステップ地域への進出もアフリカ集団の分化に大きく影響しました。それを可能にしたのが牧畜の発明です。ただし、家畜から得たミルクを栄養源にするためには、ミルクに含まれる乳糖を消化する「ラクターゼ」という、成人には合成できない酵素が必要で、牧畜民はこれを合成できるよう変異した「乳糖耐性遺伝子」を獲得しました。このように、特定の遺伝子の頻度が集団の中で上昇していくことを「正の自然選択がかかっている状態」といいます。

UPDATE 04

古代ゲノムで推測する アフリカ大陸での初期拡散

農耕発祥の地とされるカメルーンのシュム・ラカ岩陰遺跡から出土した人骨や、世界進出した集団を含めた古代ゲノムの系統解析が実施された。この分析によると、アフリカ集団の祖先はシュム・ラカの人々を含む中央アフリカの集団であると考えられている。

ホモ・サピエンス誕生の地は中央アフリカか!?

古代ゲノムの系統解析によると、20万年以上前のホモ・サピエンスの誕生間もない時期に、ほぼ同時に4つの系統が分岐したことが示されています。最初に分岐したのが、シュム・ラカを含む中央アフリカの狩猟採集民につながるグループです。そして、南のコイ・サンの狩猟民や東アフリカの狩猟民（出アフリカ集団などにつながる）が分岐し、さらにエチオピアのモタ洞窟で発見された人骨や、西アフリカへ移動した人々の形成に関与する、実態不明の集団にも分岐したと考えられています。今のところ誕生の地は中央アフリカが有力ですが、特定はできていません。

古代ゲノムが推測するアフリカでの初期拡散

03

ついにアフリカを旅立ったホモ・サピエンス

本格的な出アフリカは6万〜5万年前

アフリカで誕生したホモ・サピエンスは、10万年以上アフリカで過ごした後、6万〜5万年前についに世界へと進出します。

とはいえ、それ以前よりアフリカを出る集団は存在していたようで、数十万年前にネアンデルタール人と交雑したことが明らかになっている

ホモ・サピエンスの「出アフリカ」

UPDATE 01

20万年前という古い時代からアフリカを出ていた！

「レバント」と呼ばれる東部地中海沿岸地方の洞窟からは、13万〜10万年前のものや、約18万年前のものとされるホモ・サピエンスの化石が見つかっている。本格的な世界進出の前にもアフリカを出ていた集団がいたと考えられる。

UPDATE 02

本格的な出アフリカは6万〜5万年前！

現代人のゲノムの系統解析や、シベリアから出土したホモ・サピエンスの化石証拠によるネアンデルタール人との交雑時期から推定すると、6万〜5万年前に本格的な世界進出（初期拡散）が始まったと考えられる。

ほか、何度か出アフリカを試みた痕跡が残されています。イスラエルをはじめ、アフリカと陸続きの「レバント」と呼ばれる東部地中海沿岸地方からは、13万～10万年前のものとされるホモ・サピエンスの骨も見つかっています。

しかし、私たちの祖先につながる「出アフリカ」は、前述したように6万～5万年前のこと。この時期については、現代人のミトコンドリアDNAやY染色体の系統解析の結果や、シベリアで発掘された人骨から解析したネアンデルタール人との交雑時期を見ても、おおむね正しいと考えられています。

UPDATE 01

20万年前という古い時代から アフリカを出ていた!

ホモ・サピエンスは数十万年前にネアンデルタール人と交雑した事実が明らかにされており、実際にアフリカと陸続きの東部地中海沿岸では約18万年前の化石も発見されている。誕生間もない時期にすでにアフリカを出ていた可能性もある。

数十万年以上前の 交雑の証拠

前述（P50）したように、ネアンデルタール人のミトコンドリアDNAとY染色体が、ホモ・サピエンスの祖先のものと置き換わっている可能性があることから、40万〜10万年前のどこかの段階で双方が最初の交雑を行ったと考えられています。ホモ・サピエンスがアフリカで誕生したとして（ユーラシアで誕生した後にアフリカに戻って現代のホモ・サピエンスに進化した可能性もある）、誕生から間もない時期に、すでにアフリカを出ていた可能性も低くはありません。

18万年前のホモ・サピエンスとされる化石を発見!?

地中海東部の沿岸地方「レバント」

アフリカと陸続きの東部地中海沿岸地方「レバント」にある「ナハル・メアロット渓谷」。このエリアのスフール洞窟から出土したホモ・サピエンスの化石は13万〜10万年前のものと推定されています。また、エズレル平野のカフゼ洞窟から約9万年前のものも発見されています。さらに、2002年にミスリヤ洞窟で発見されていた上顎の化石が、2018年に約18万年前のものと報告されており、かなり古い時代からすでにアフリカを出ていた可能性が示されたのです。

UPDATE 02

本格的な出アフリカは6万～5万年前！

ホモ・サピエンスの本格的な世界進出の時期については、現代人のミトコンドリアDNAやY染色体の系統解析の結果や、シベリアのウスチ・イシム人骨のゲノム解析によるネアンデルタール人との交雑時期から推測できる。

ミトコンドリアとY染色体のDNA分析

現代人のDNA分析によって、男性に受け継がれるY染色体のDNAでは、アフリカ人の系統と世界の他の集団が持つ系統の分岐は7万5000年前以降で、アフリカ人以外の集団の共通祖先が5万5000～4万7000年前に存在したと推定。一方、母系に遺伝するミトコンドリアDNAで見ると、アフリカ人と世界の他集団との分岐が9万5000～6万2000年前で、アフリカ人以外の共通祖先が5万5000～4万5000年前に存在したと推定されます。推定に幅はあるものの、出アフリカは6万～5万年前と考えて矛盾はありません。

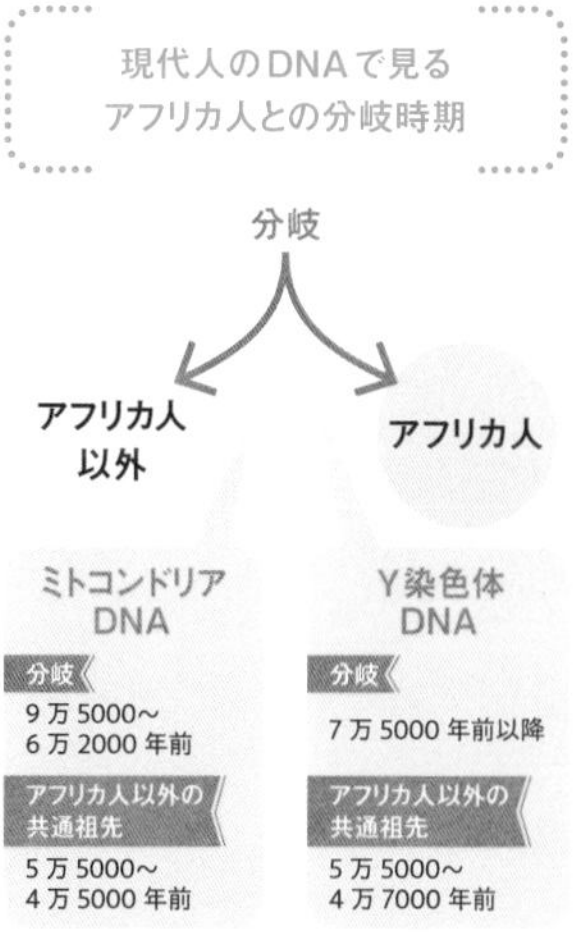

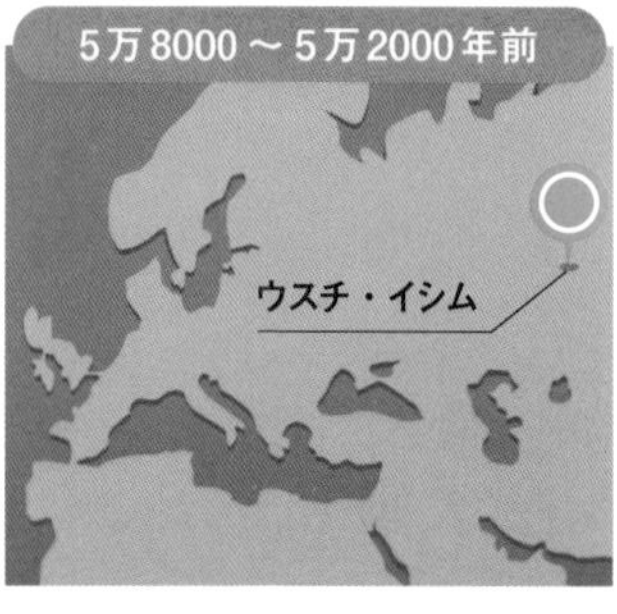

ネアンデルタール人との交雑時期とも一致

シベリアのウスチ・イシム人骨のゲノムから推定されたホモ・サピエンスとネアンデルタール人の交雑時期は5万8000～5万2000年前。その時期にはすでに出アフリカを成し遂げていたことになります。交雑が中東で起こっていたとすれば、それは出アフリカからほどない時期だと考えられることから、およそ6万年前と推測でき、Y染色体やミトコンドリアDNAが示す時期とも一致します。ヨーロッパで出土した数万年前の人骨のゲノム解析からも同様の結果が得られており、おおむね妥当な値と考えられます。

世界展開

04

6万~1万年前に狩猟採集民が世界拡散（初期拡散）

後期旧石器時代にユーラシア大陸へと拡散

ホモ・サピエンスが世界展開を成し遂げた6万~5万年前から、農業生産が始まる1万年ほど前までの時代を「後期旧石器時代」と呼びます。この時代には、サピエンス種がユーラシア大陸に拡散しただけでなく、かつてそこに住んでいた私たち以外の人類が消滅しました。

ユーラシア大陸における初期拡散の様子

UPDATE 02

「後期旧石器時代」と呼ばれる時代

ホモ・サピエンスがユーラシア大陸に拡散したのは「後期旧石器時代」。短い周期で激しい気候変動があり、環境や地形の変動が拡散の過程に大きく影響したものと考えられる。また、出アフリカ後1万年間は化石証拠がない空白の期間とされている。

後期旧石器時代は最後の氷期に当たり、乾燥していて寒冷なイメージがありますが、実際には短い周期で気候が激しく変動していたことがわかっています。

寒冷期には、気温低下による氷河や氷床の発達、海水面の低下が起こり、海岸線が現在よりも沖に移動して世界各地で陸地が広がっていました。

6万年前以降、温暖な気候と寒冷な気候が短い周期で上下降し、この環境と地形の変化は、世界に進出したサピエンス種の合流や離散を促したと考えられます。

UPDATE 01

ユーラシア大陸への初期拡散

東アフリカの集団の中に出アフリカを成し遂げたグループがおり、その数は数百から数千というごく少数であると考えられている。出アフリカのルートはふたつの可能性が考えられ、論争は現在も続いている。

UPDATE 01

ユーラシア大陸への初期拡散

6万～5万年前の出アフリカから、農業が始まる1万年前までの期間で、狩猟採集を生業としていた当時のホモ・サピエンスはユーラシア大陸の各地に拡散。この初期の拡散によって活動範囲を広げたサピエンス種は、現在の繁栄につながった。

出アフリカ（初期拡散）のルートにまつわる議論

出アフリカのルートについては、ふたつの説があります。ひとつはアフリカ北東部からレバントに抜ける「北方ルート」。サハラ砂漠が障壁にならなければ陸続きにアフリカを出ることができる唯一のルートです。もうひとつは、バブ・エル・マンデブ海峡を通ってアラビア半島に至る「南方ルート」です。この説は、南アジアやオーストラリアなどで6万年前より古い時代の化石や石器が見つかっていることから、海岸伝いに到達したグループがいたという前提で提唱されました。ただし、6万年前以前は年代特定が不確実で、現在も議論が続いています。

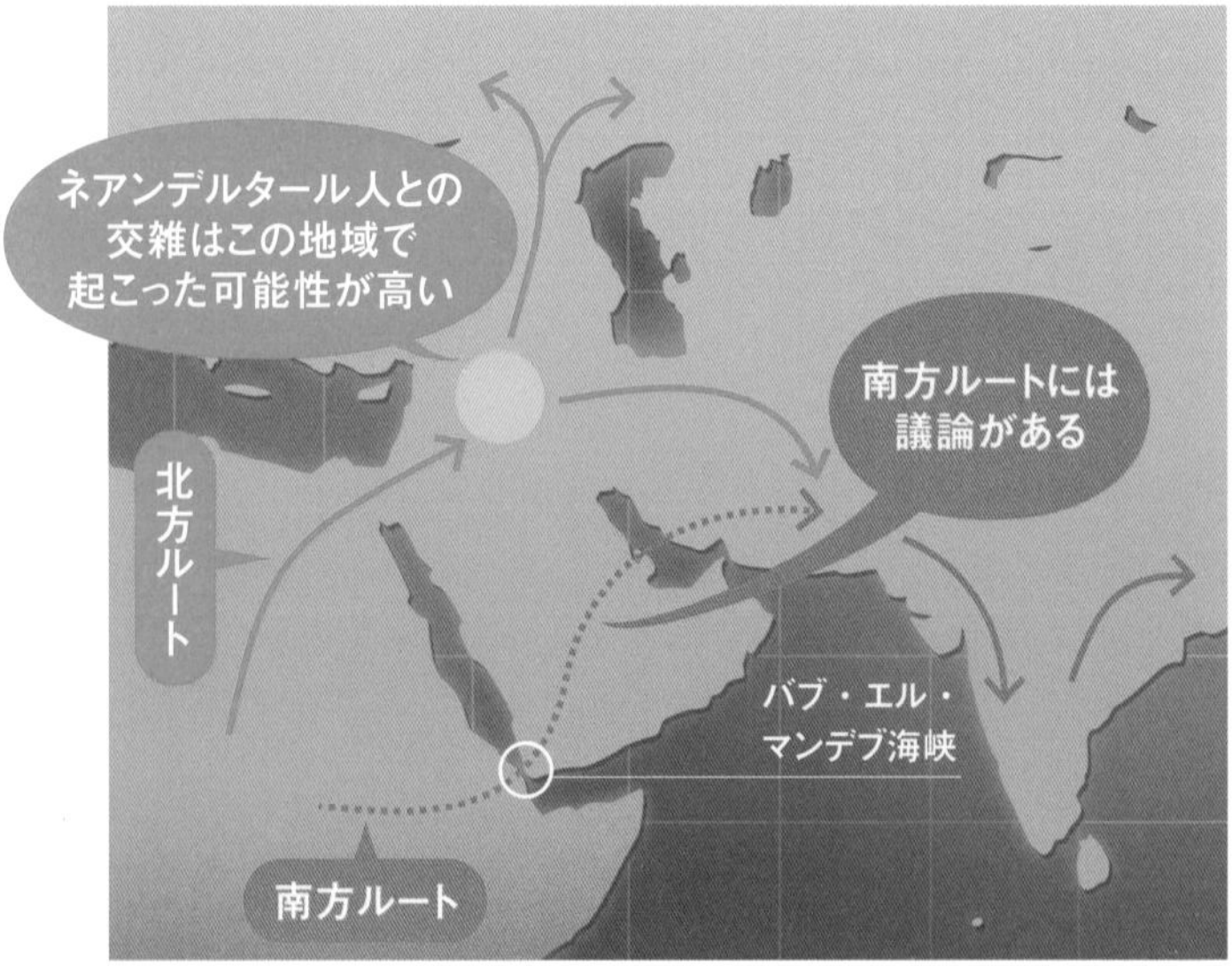
ネアンデルタール人との
交雑はこの地域で
起こった可能性が高い
南方ルートには
議論がある
北方ルート
バブ・エル・
マンデブ海峡
南方ルート

UPDATE 02

「後期旧石器時代」と呼ばれる時代

後期旧石器時代は、最後の氷期に当たる。6万年前以降は温暖化に向かうが、5万年前には寒冷化。その後も、約2万年前の「最寒冷期」や約1万3000年前の「ヤンガードリアス期」といった気候変動が起こるなど、環境や地形の変動が激しい時期だったと考えられる。

自然環境が世界展開を後押しした!?

氷期の気温低下は、氷河や氷床を発達させ、海水面の低下をともないます。海水面は最大で約120mも低下したとされ、その影響で海岸線は現在よりも沖へ移動。また、温暖化に向かっていた約1万3000年前に大きな「寒の戻り」があり、一時的に寒冷な気候に。この時期を「ヤンガードリアス期」といい、約10年で8℃近く気温が上下降したとされます。このような気候変動は、地形や環境に急激な変化を招き、集団の合流や離散に大きく影響したと考えられています。

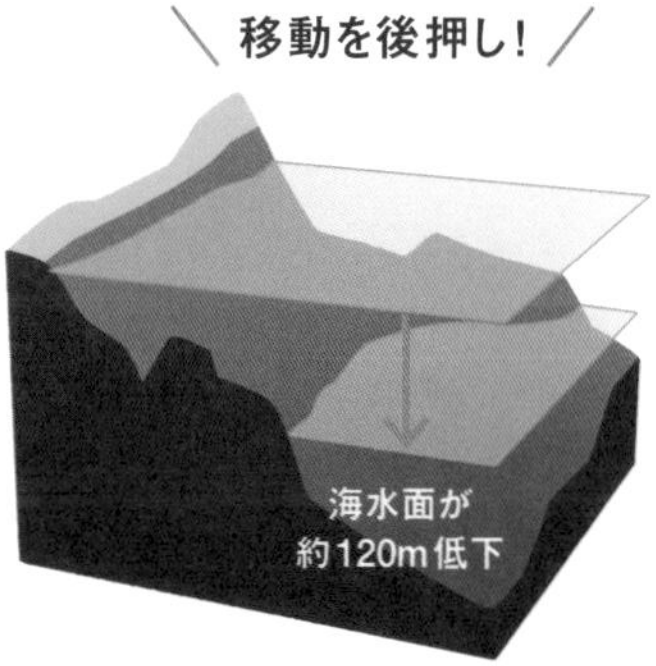

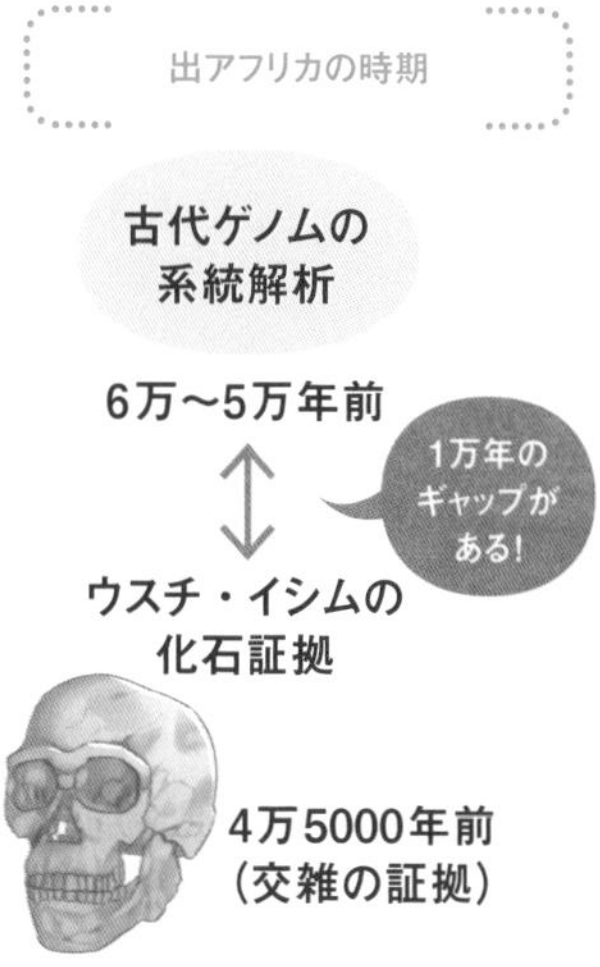

出アフリカをめぐる「空白の1万年」とは?

出アフリカの時期は、6万～5万年前でほぼ確定しているものの、実はその後の1万年間の足跡はわかっていません。直接的な証拠となる出アフリカを成し遂げた人々のゲノム情報を得られておらず、アフリカ以外で最も古いホモ・サピエンスのゲノムでも、ウスチ・イシムの約4万5000年前のものなど数体しかなく、1万年以上のギャップがあります。その他の化石証拠も最初にアフリカを出た人々の姿形を推測するのに適当なものではなく、ホモ・サピエンスの出アフリカ後1万年間は、空白の期間となっているのです。

世界展開

05

活動範囲が一挙に拡大！ユーラシア大陸（旧大陸）への展開

出アフリカ後に東西集団の分岐が起こる

ユーラシア大陸での初期拡散の状況を知る手がかりとなる4万年ほど前の古代ゲノムは、これまで8体の人骨から得られています。

これらのゲノムを分析すると、一部に現代人につながらない系統も見つかりました。おそらく出アフリカを成し遂げた集団は、いくつもの

ユーラシア大陸への展開

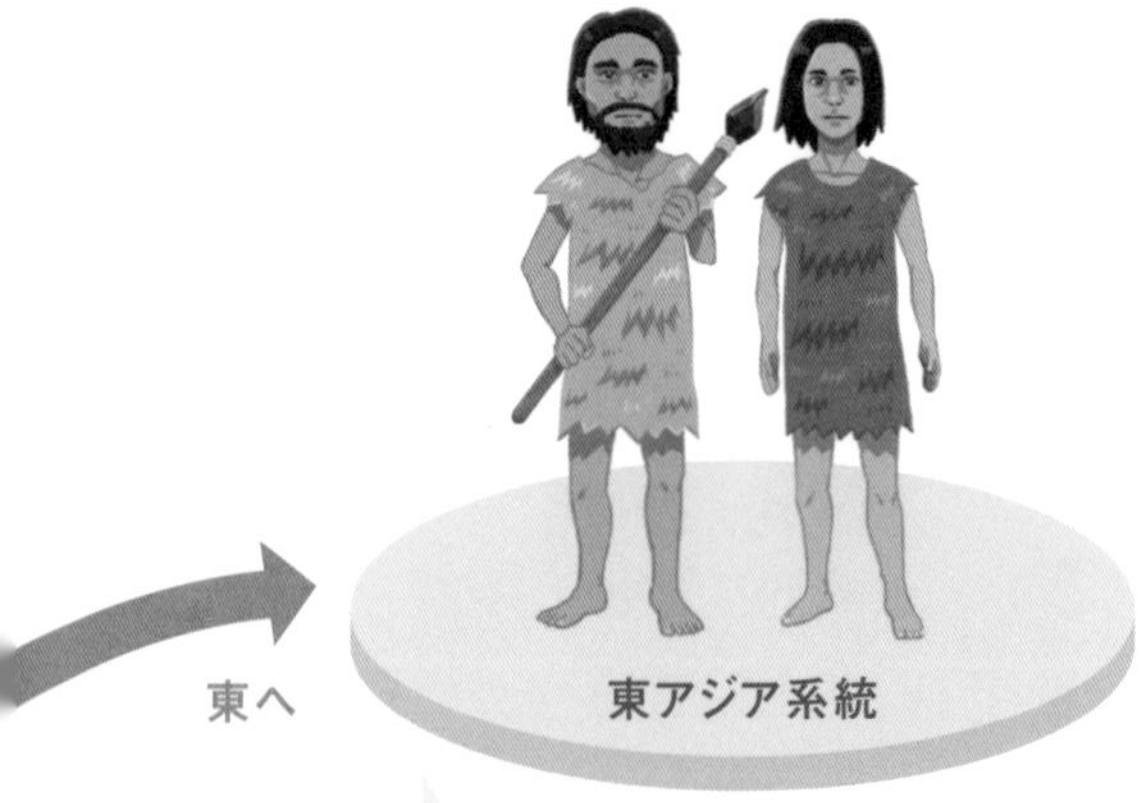

UPDATE 02

初期拡散のシナリオ

ブルガリアの洞窟から、系統が異なる多様なミトコンドリアDNAを含む複数の人骨が出土。これは異なる集団が別々に洞窟を訪れ、合流していたことを示唆している。すべての集団は離合集散、交雑や隔離を経て成立したと考えられる。

小集団に分かれて生活しており、ホモ・サピエンスの歴史の中で絶滅したものも多かったと考えられます。しかし、それ以外は現代人につながる系統であることが示唆されています。また、その頃の重要な出来事として、5万5000〜4万5000年前に、東西集団の分岐が起こりました。これらの集団が東アジアの系統やヨーロッパの系統につながっていきます。さらに、1万年以上前の古人骨のゲノムから東西分岐より前に分かれた集団の存在が明らかになりました。彼らは西ユーラシア集団の形成に関与したと考えられています。

UPDATE 01

大陸の東西に集団が分岐！

古代ゲノムの分析によると、出アフリカから約1万年の間に、現代人につながる系統だけでも、早い段階で分かれたユーラシア基層集団、さらに東アジア系統、ヨーロッパ系統という3つの系統が成立していたと考えられる。

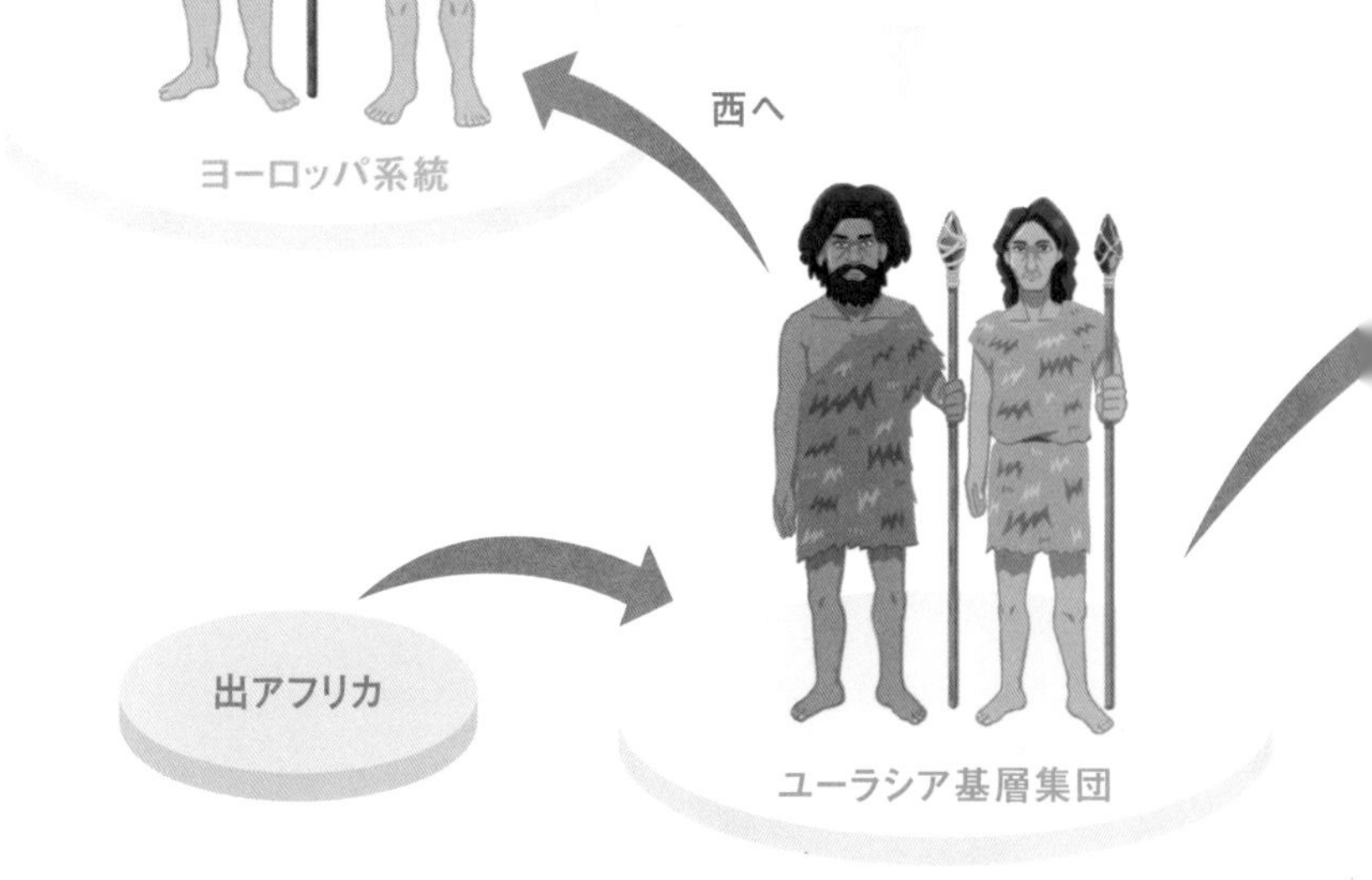

UPDATE 01

大陸の東西に集団が分岐！

ユーラシア大陸に展開したホモ・サピエンスにとって、ネアンデルタール人との交雑は珍しくなかったと考えられる。そのような状況の中で、出アフリカ後1万年ほどの間に基層集団と東西集団の3つの系統に分岐したと推測できる。

初期の段階で3つの系統に分かれた

下の図は、古代ゲノムが解析された4万～3万年前の遺跡。ユーラシア大陸の東西集団の分岐において、ウスチ・イシムやオアセ、ズラティ・クンなどは、この分岐の根幹に位置する系統です。また、バチョ・キロ人骨は、東アジアやアメリカ先住民と共通する遺伝的要素を持ち、ヨーロッパ人にもつながる多様な系統とされています。一方、中東では東西分岐より前に分かれた「ユーラシア基層集団」がおり、ネアンデルタール人と交雑せず、西ユーラシア集団の形成に関与したと考えられています。初期の段階でこれら3つの系統が成立していた可能性があるということです。

古代ゲノムが解析されている4万～3万年前の遺跡

ズラティ・クン
チェコで見つかった女性人骨。東西分岐の根幹に位置する系統だが、現代人にはつながらない。ネアンデルタール人由来のゲノムを3％以上持つ。
ウスチ・イシム
ユーラシア基層集団
ゴイエ
コステンキ
東アジア系統
フマネ
ヨーロッパ系統
オアセ
ブルガリアで発見されたネアンデルタール人との混血男性。ズラティ・クンと同じく、現代人とはつながらない系統。
バチョ・キロ
ブルガリアで発見された3体の人骨。東アジア系統に近いが、多様なミトコンドリアDNAの系統を含む。

UPDATE 02

初期拡散のシナリオ

これまで、各地に展開した出アフリカ集団は、その地に単系統で地域集団を成立させたと考えられてきたが、現在ではすべての集団は、歴史の中で離合集散、交雑と隔離という複雑な過程を経て成立してきたと考えられている。

母系DNAの多様性が示す意味

バチョ・キロ洞窟の3体の人骨のうち、1体のミトコンドリアDNAは、ウスチ・イシムなど東ユーラシアに近い系統であり、残りの2体のうち1体はヨーロッパ、もう1体はアジアの系統につながるものでした。同じ洞窟から多様な系統を含む人骨が見つかったということは、同じ洞窟に複数の集団が別々に訪れ、合流することで地域集団を成立させてきたことを示唆します。このような系統の多様性が、世界展開を成功させたホモ・サピエンスの特徴といえるかもしれません。

すべての集団は複雑な関わりの中で生まれた

前述したように、ホモ・サピエンスの出アフリカ後の最初の1万年間に関するシナリオは、直接的な証拠が見つかっていないため、現段階ではほとんどわかっていません。しかし、古代ゲノムの分析によって、これまで考えられてきたような「単系統による地域集団の成立」ではないことが明らかになっています。バチョ・キロ人骨の上記のような例があるように、すべての集団は、異なる集団との合流や離散、交雑や隔離などを経て、長い時の流れの中で成立させてきたと考えられています。

06

極寒のベーリンジアを越え、アメリカ大陸（新大陸）に到達

新大陸進出の時期が古代ゲノムの分析で判明

アメリカ大陸は、ホモ・サピエンスが最後に到達した大陸です。

アメリカ先住民の祖先は、かつてはシベリアとアラスカをつなぐベーリング陸橋（ベーリンジア）を越え、アラスカの巨大な氷床の間を通って1万3000年前に進出してきたアジアの狩猟採集民だと考えられて

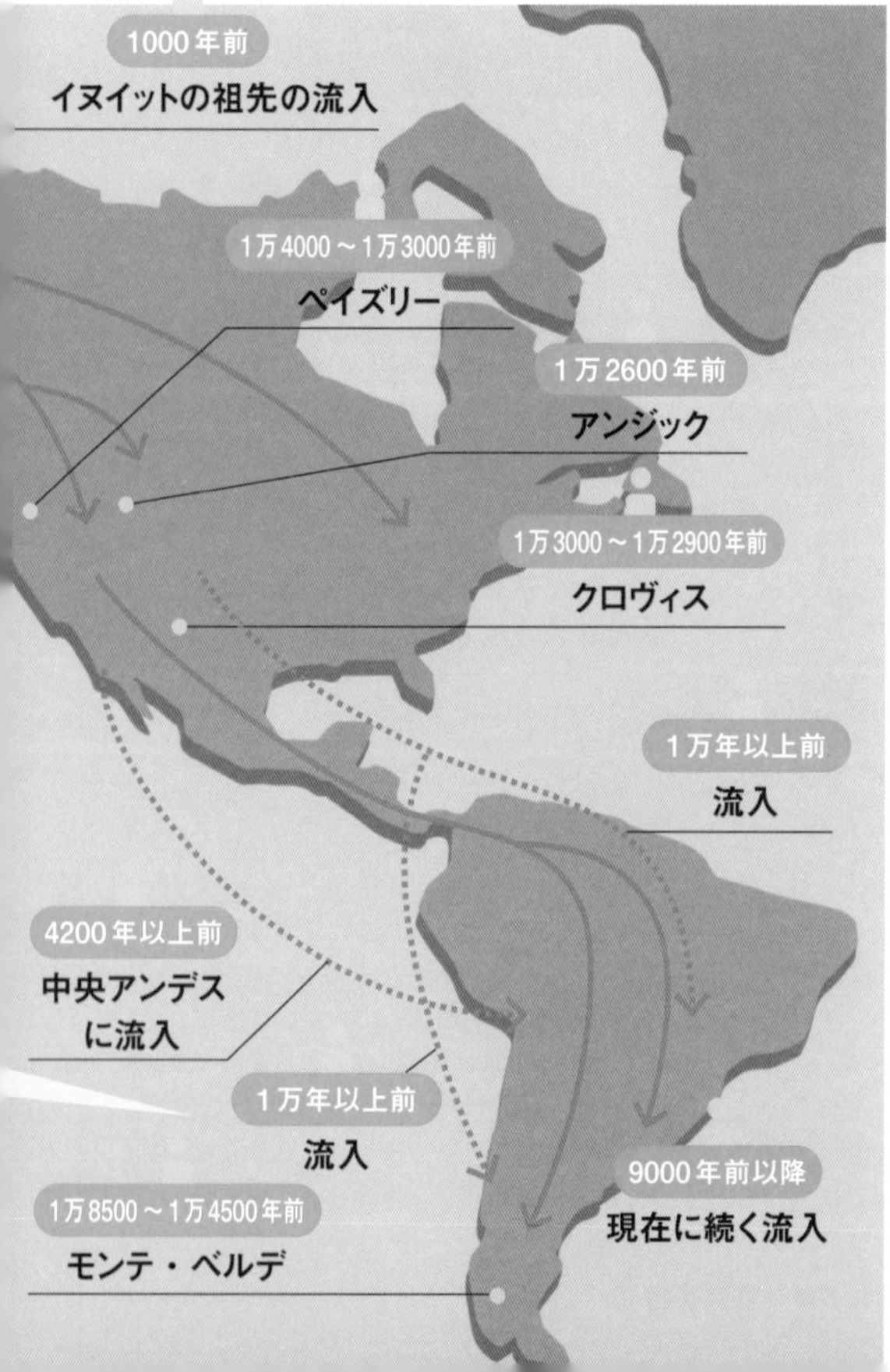

きました。彼らの文化をクロヴィス文化といい、この説は「クロヴィスファーストモデル」と呼ばれていました。しかし、南米最南端の近くでクロヴィス文化より古い人類遺跡が見つかるなど、この説では説明できないさまざまな事実が明らかになりました。

そして、古代ゲノムの研究が進んだことで、先住民の共通祖先が誕生した年代は約2万4000年前であることが判明。3万年以上前にベーリンジアに到達し、氷床に阻まれて数千年間隔離されたという「ベーリンジア隔離モデル」という学説が提唱されました。

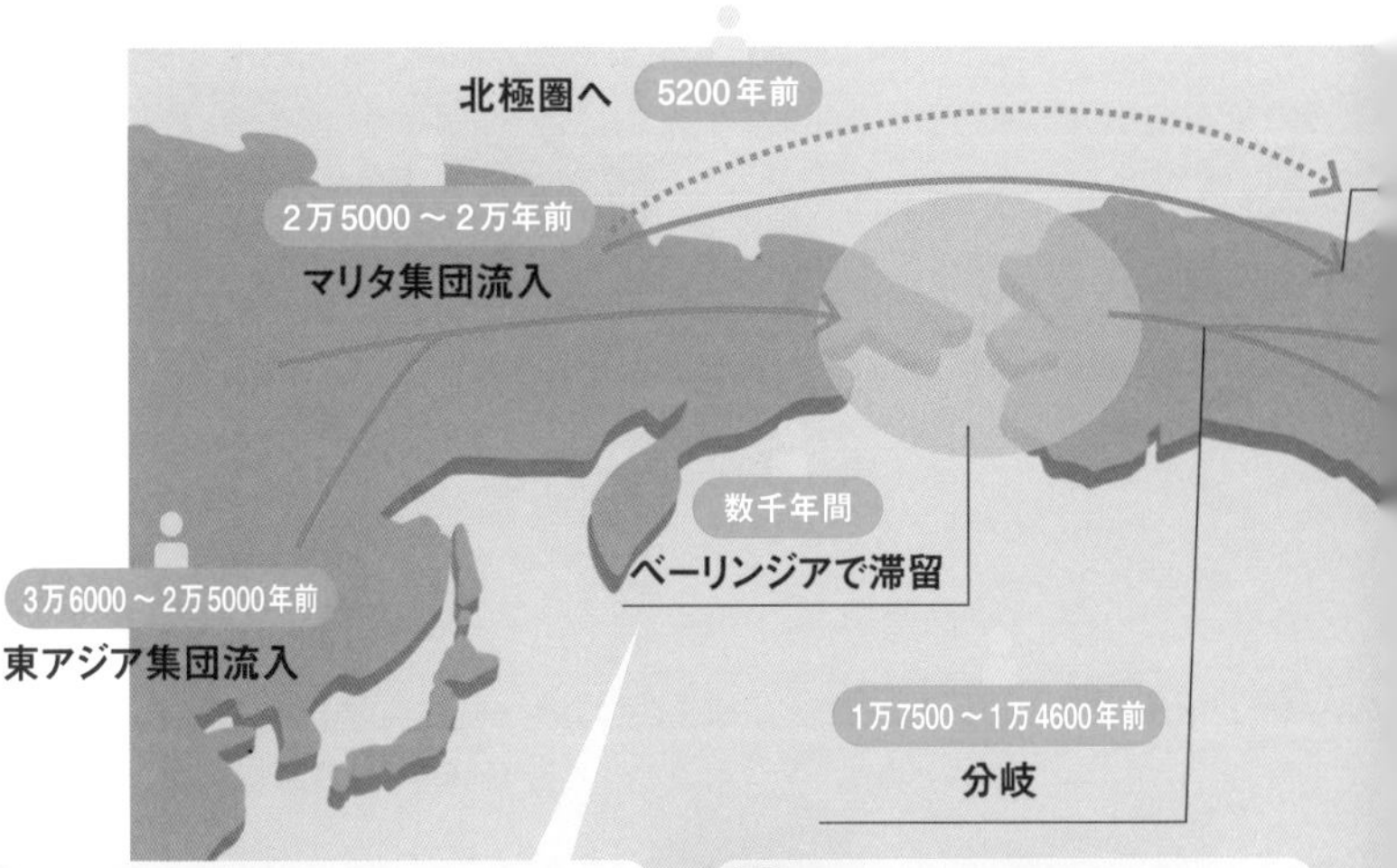

UPDATE 01

アメリカ先住民の起源に関する学説「ベーリンジア隔離モデル」とは?

3万年以上前にベーリンジアに到達した集団が、最寒冷期のシベリア側とアラスカ側の氷床に阻まれ数千年間隔離された。この間にアメリカ先住民特有の遺伝的特徴を獲得し、温暖化とともに新大陸に進出したという学説が有力とされている。

UPDATE 02

人類が到達した最後の大陸

古代アメリカ先住民は、2万1000～1万6000年前に最初の分岐、続いて1万7500～1万4600年前に南北アメリカのふたつのグループに分かれた。このうち南方のアメリカ先住民は太平洋岸を南下し、南米大陸まで到達することになる。

UPDATE 01

アメリカ先住民の起源に関する「ベーリンジア隔離モデル」とは?

シベリア北東部で古代北シベリア集団と、東アジア古代集団が混合。この集団がベーリンジアに進出し、約2万年前の最寒期にできた巨大な氷床によって数千年間隔離され、特有の遺伝的特徴を獲得する。温暖化とともに新大陸に進出した。

西ユーラシアと東アジアの混血「古代北シベリア人」

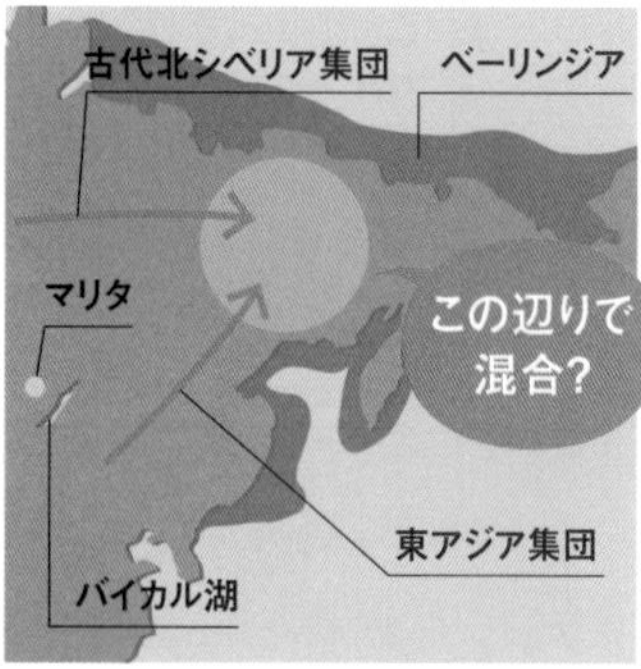

シベリアのバイカル湖周辺のマリタから出土した人骨が、アメリカ先住民の祖先と共通の遺伝子を持っていることが判明。単に東アジアの祖先集団がアメリカ先住民の祖先となったのではありませんでした。バイカル湖周辺の古代北シベリア集団はいくつかのグループに分かれて消滅していきましたが、その中で2万3000～2万年前に東アジアの古代集団と混合するグループがありました。この集団がベーリンジアに進出し、その後、新大陸の先住民の祖先になったと考えられています。

ベーリンジアで数千年間隔離された集団

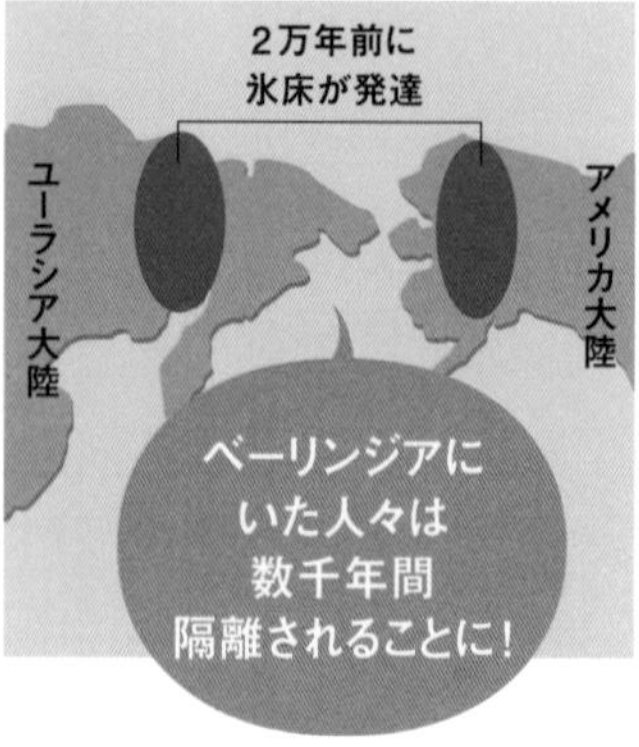

前述したように、約2万年前（2万6500～1万9000年前）は、最終氷期の最寒冷期に当たります。ベーリンジアに進出した人々は、シベリア側とアラスカ側に発達した巨大な氷床に阻まれ、数千年間隔離されたと考えられています。また、アラスカで発見された1万1500年前の人骨や、バイカル湖周辺の1万8000年前の人骨のゲノム解析によると、少なくとも2万年前には新大陸の祖先集団が確立していたとされ、ベーリンジア隔離モデルを支持する内容になっています。

UPDATE 02

人類が到達した最後の大陸

南北アメリカに広く分布する先住民集団も、さかのぼると約2万年前のベーリンジアに居住した祖先集団に由来する。温暖化とともに新大陸に進出した彼らは、複数の分岐をしながら太平洋岸を南下する形で南米大陸まで到達したとされる。

北米大陸への拡散

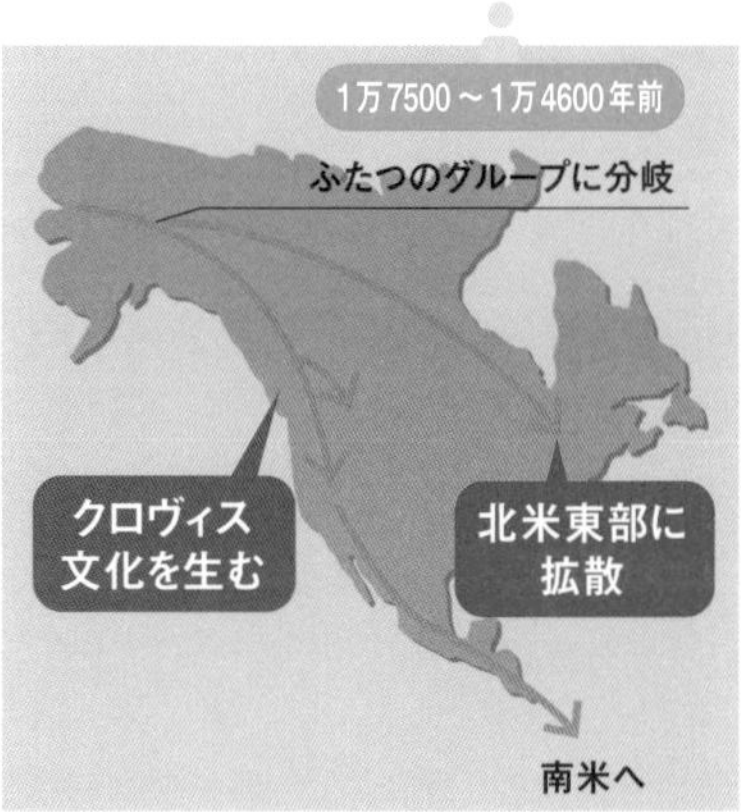

古代アメリカ先住民は、1万7500～1万4600年前に北米の海岸で北方アメリカと南方アメリカのふたつの集団に分かれます。北方の集団は南米には行かず、北米東部に拡散。地球温暖化にともない、アラスカ地域に北上する集団もいました。南方の集団は太平洋岸を南下し、南米大陸に到達しますが、その中には北米のクロヴィス文化を生んだ集団も含まれています。北極圏では約5200年前と約1000年前の2回、シベリアからの流入があり、後者がイヌイットの祖先に。

南米大陸への拡散

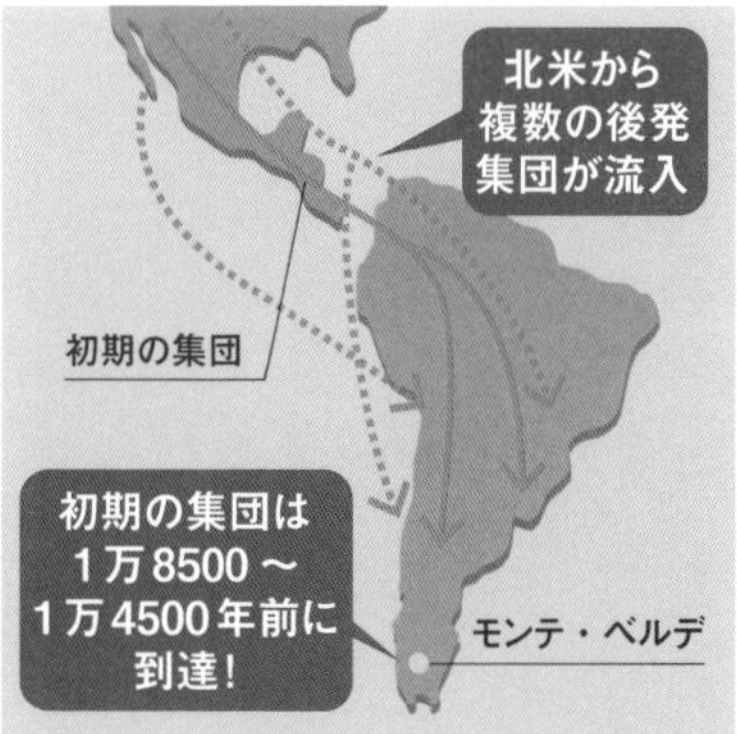

南米大陸に最初に進出したのは、南方アメリカの先住民です。北米クロヴィス文化の遺跡の人骨と、約1万年前のブラジルやチリの遺跡から出土した人骨とで、遺伝的特徴を共有していることがわかっています。しかし、9000年前以降の出土人骨からこの特徴は消えてしまいます。そのため、中米からの後発集団が南下し、その集団の子孫に取って代わられた可能性も。広大な地域への少人数による拡散は、地域集団の遺伝的な多様性を大きくしたものと考えられています。

世界展開

07

台湾から始まる新天地（南太平洋）への道

初期農耕民による南太平洋への拡散

一般に陸地での集団のテリトリーの拡散は緩やかですが、船を使った海洋での移動は急速なものになります。その典型が南太平洋の島々への初期農耕民の展開です。島しょ部では初期農耕にともなう海洋集団の拡散が鍵となるため、狩猟採集民の初期拡散の時期からは、時

UPDATE 02

台湾の初期農耕民がポリネシアへ！

「リモートオセアニア」と呼ばれるミクロネシアやメラネシアの離島域、ポリネシアは、長らく人類未到の地だったが、6000 ～ 5000年前に台湾の初期農耕集団の一部が海洋進出。約3200年前にはポリネシアまで到達したとされる。

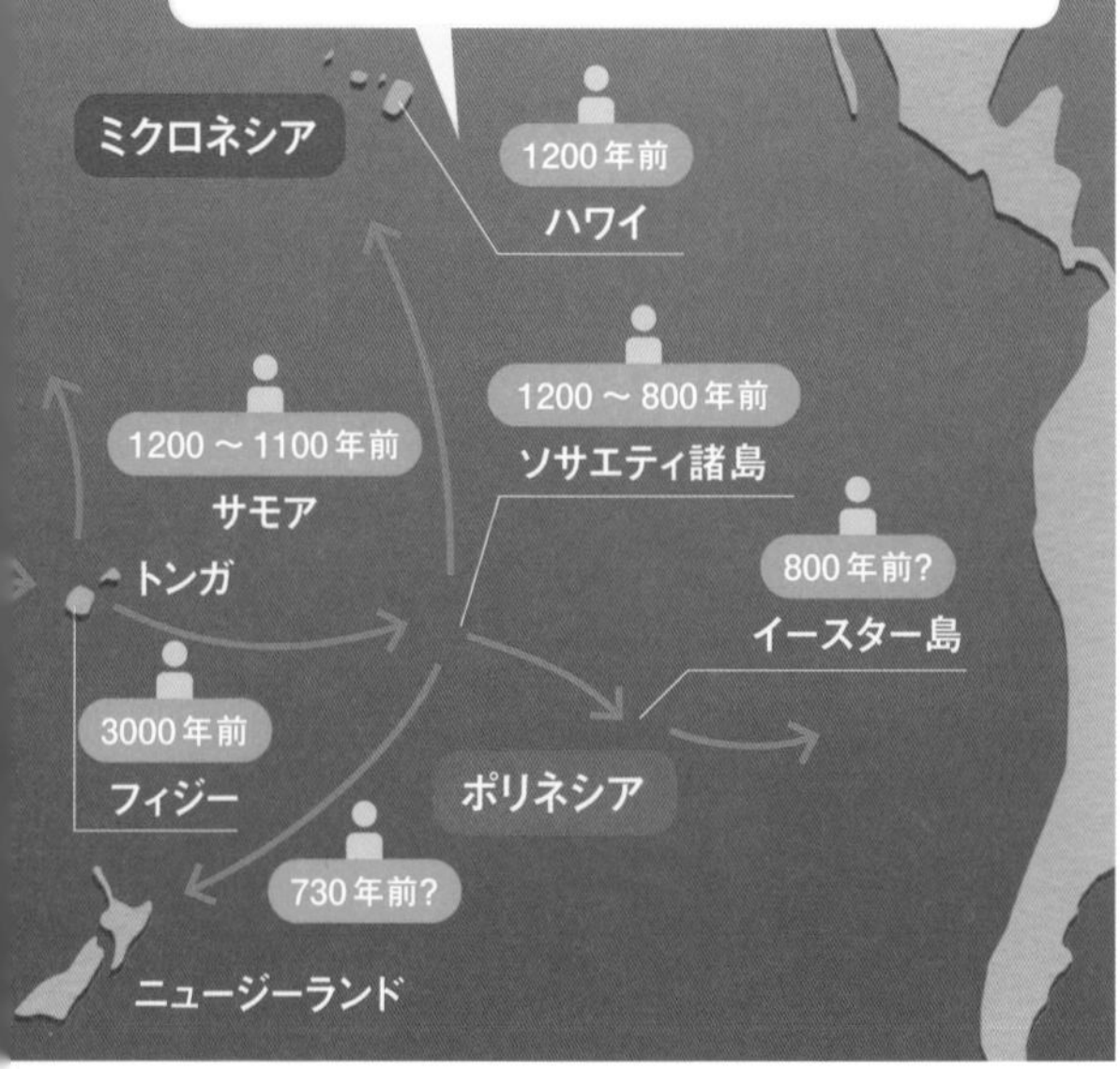

代が下ることになります。

オセアニアは、オーストラリア大陸と、メラネシア、ポリネシア、ミクロネシアという4つの地域から構成されています。

オーストラリアへのホモ・サピエンスの進出は、考古学的な証拠から少なくとも4万7000年前。ヨーロッパへの進出と変わらない時期に、すでに到達していたと考えられます。東南アジアからオセアニア地域にはスンダランドとサフールランドという陸続きの地形が存在しており、双方にデニソワ人と交雑した狩猟採集民が居住していたと考えられます。

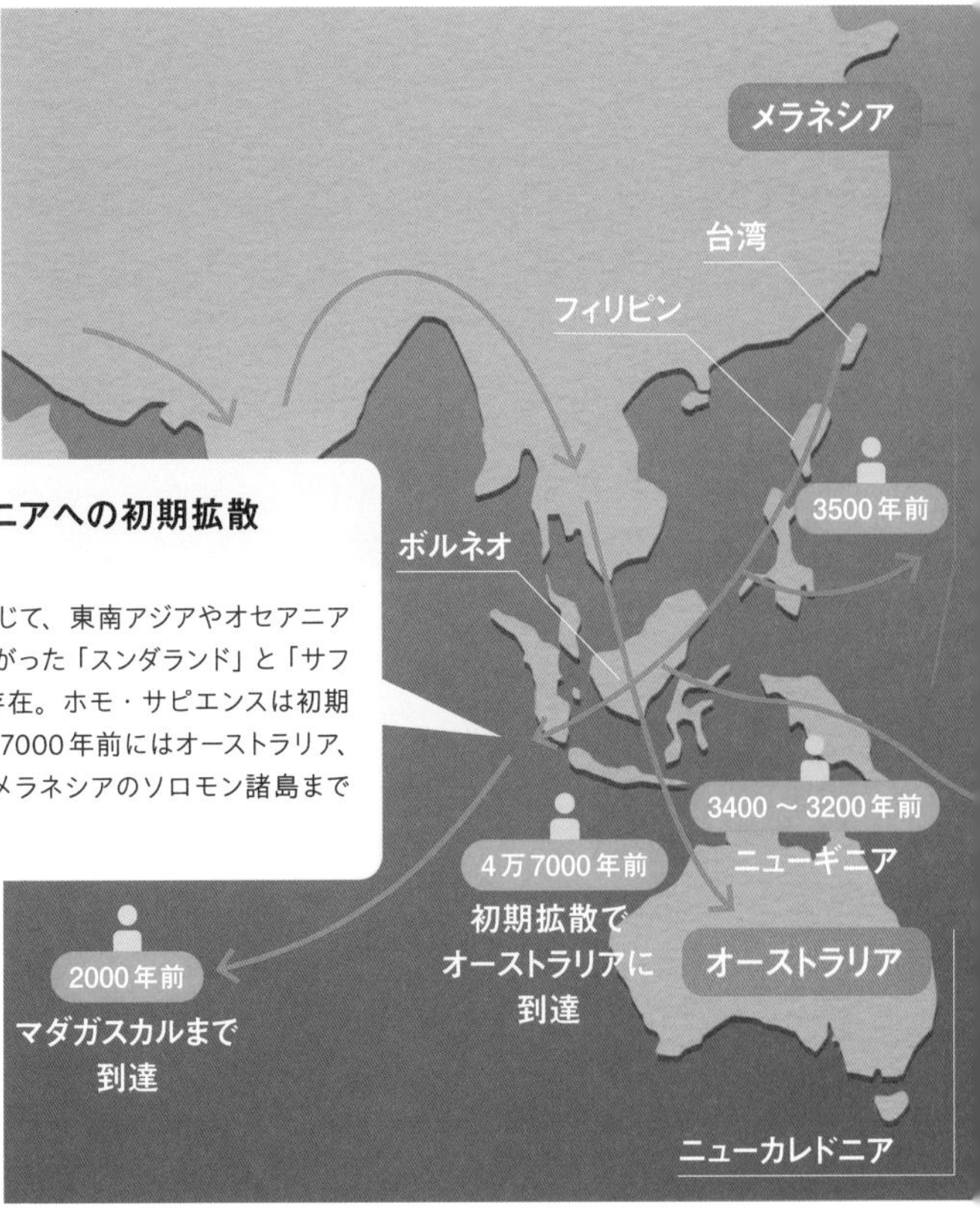

UPDATE 01

オセアニアへの初期拡散

旧石器時代を通じて、東南アジアやオセアニアには陸棚でつながった「スンダランド」と「サフールランド」が存在。ホモ・サピエンスは初期拡散によって4万7000年前にはオーストラリア、約3万年前にはメラネシアのソロモン諸島まで到達していた。

UPDATE 01

オセアニアへの初期拡散

オーストラリア大陸には、ホモ・サピエンスが初期拡散によって約4万7000年前までには到達し、約3万年前にはソロモン諸島まで進出。これらの地域に居住していた狩猟採集民は、デニソワ人と交雑したと考えられている。

オセアニアにおける初期拡散

東南アジアでは約4万6000年前の人骨や、この地域の先住民の中にアフリカの系統に直接結びつくミトコンドリアDNAが見つかっていることから、5万〜4万年前には、ホモ・サピエンスが東南アジアに到達していたとされます。この地域に進出したのは、デニソワ人と交雑した狩猟採集民の集団であり、彼らはさらに進んで海を渡り、約4万7000年前にはオーストラリアに到達。さらに約3万年前にはメラネシアのソロモン諸島まで進出していたと考えられています。

スンダランドとサフールランド

ヨーロッパ進出と変わらない時期にオーストラリアへ到達！

ホモ・サピエンスのヨーロッパ進出は約4万5000年前ですから、ほぼ変わらない時期にオセアニアに進出していたのは驚きです。前述したように、6万〜1万4000年前頃は最終氷期に当たるため、現在より海水面が低下していました。東南アジアは「スンダランド」、オーストラリアとニューギニアは「サフールランド」という陸塊となっており、それが拡散を後押ししたと考えられます。しかし、この地域の古代ゲノムの分析が進んでおらず、詳細のシナリオは不明のままです。

UPDATE 02

台湾の初期農耕民がポリネシアへ!

長らく人類未到の地だったオセアニアの離島エリア。この地に進出したのは、6000～5000年前の台湾にいた初期農耕民。彼らは約3400年前にはビスマルク諸島に到達し、ラピタ文化を生んだ。さらに、太平洋の広大な地域へと拡散する。

「アウトオブ台湾モデル」とは?

台湾の初期農耕民の急速な海洋進出を「アウトオブ台湾モデル」といいます。彼らは約3400年前にメラネシアのビスマルク諸島に到達し、特徴的な土器をつくる「ラピタ文化」を生み出し、さらにラピタ人は約3200年前にポリネシアに進出し、それ以降長い時間をかけて南太平洋の広大な地域に拡散していったと推測されます。しかし、その後の研究でメラネシアのバヌアツでは最初に到達した台湾由来の集団からほぼ置換に近い状況が起こったと報告されています。

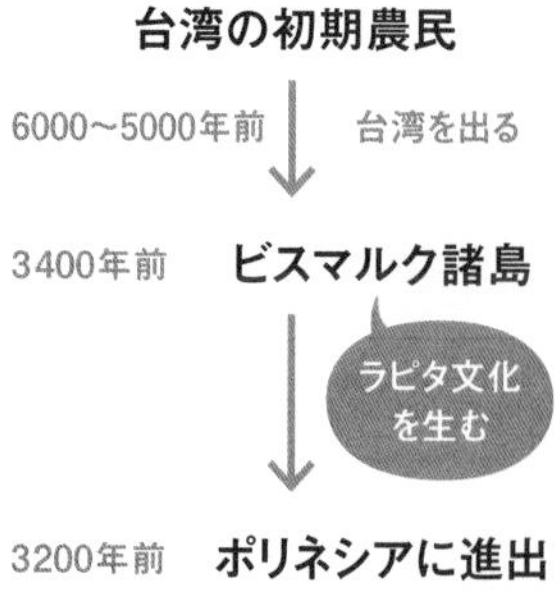

南米大陸まで到達していた!?

約3000年前にニア・オセアニアから出発し、およそ1000年かけて広大な南太平洋に拡散したポリネシア人ですが、彼らが南米大陸に到達していた可能性も考えられます。2020年にポリネシア人と太平洋岸の南米先住民を対象とした大規模なゲノム研究が行われ、13世紀頃に両者が混血した痕跡が見出されました。また、2014年のラパ・ヌイ（イースター島）の先住民のゲノム分析では、彼らが南米大陸由来の遺伝子を持つことがわかっています。これらのことから、ポリネシア人が南太平洋に拡散していく過程で南米先住民との接触があったことが想像されます。

Column 2

カリブ海への人類拡散

700以上の島が点在するカリブ海は、アメリカ大陸でホモ・サピエンスが最後に進出した地域です。考古学的な証拠から、この地域には2回の進出があったことがわかっており、1回目の進出は約6000年前。中米や南米に起源する集団によって成し遂げられたと考えられ、古代ゲノムの解析から、この時期の移住は複数回に分けて行われたと考えられています。

これに対し、約2500年前に起こった2回目の移住の波は、土器をともなうもので、南米大陸北部から現在のアマゾン先住民と同じグループが成し遂げたと考えられています。

最初に進出したグループと後発の集団が共存していた時期があるものの、これまで解析された個体からは交雑の痕跡は見つかっていません。2回目の進出の後、ある程度の時間をかけて、最初に到達した集団は消滅したようです。後発の集団もヨーロッパ人とのコンタクトによって、その数を劇的に減らしています。

現在の住民は、大航海時代以降に到達した人々の子孫になりますが、先住民のゲノムも入植したヨーロッパ人や奴隷として連れてこられたアフリカ人のゲノムと混合して、現代人に受け継がれています。文字記録に乏しい南米大陸の地域集団成立のシナリオが、今後の考古学とDNA研究によって書き換えられていくことになるはずです。

第3章

独自の発達を遂げた!? さまざまな「地域集団」の成立

地域集団の成立

01

褐色の肌に青い目！ヨーロッパ人の祖先

ヨーロッパにおける複雑な集団の交代劇

ホモ・サピエンスが、西ヨーロッパに進出したのは約4万5000年前で、下の図は、ヨーロッパにおける**文化的な編年**をまとめたものです。このような文化の変遷とヒトの関係について遺伝的特徴まで知ることは難しかったのですが、古代ゲノムの解析が可能になったことで、**ヨーロッ**

ヨーロッパの文化的編年

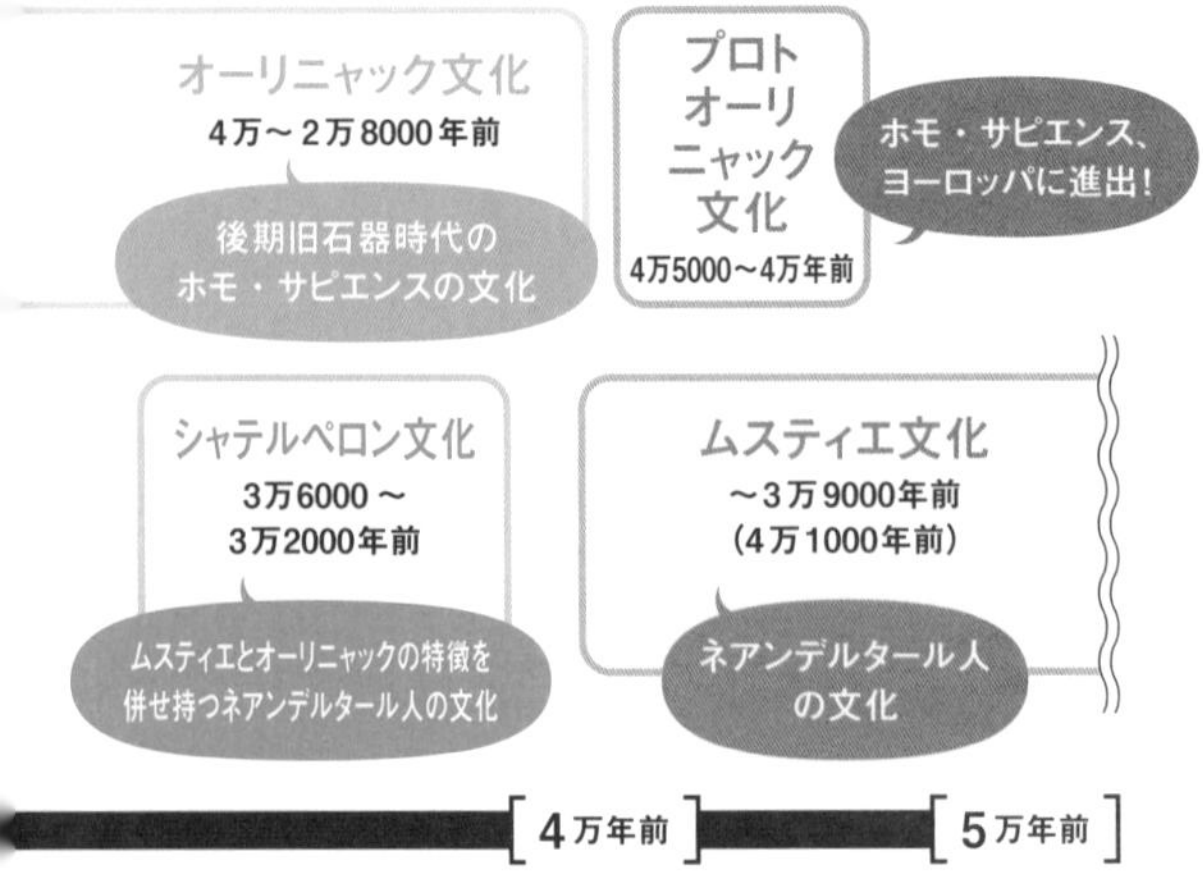

UPDATE 01

ヨーロッパの狩猟採集民の時代

約1万年前までホモ・サピエンスの生業は狩猟と採集。在来集団と新しい集団との置換をともなう文化的な変遷を繰り返していた。また、この時期は最終氷期であり、温暖な場所「レフュージア」を求めて移動していた時期でもある。

パの旧石器時代における複雑な集団の交代劇が明らかとなっています。

　オーリニャック文化期の人々は、後にヨーロッパ全土に広がる狩猟採集民の祖先です。彼らはやがて東西ふたつの異なる遺伝的特徴を持つ集団に分岐し、東方の集団からグラベット文化の担い手が誕生。彼らは西に移動し、各地で集団の交代をともないながらグラベット文化への移行が進みます。

　次のマグダレニアン文化以降も集団の交代が起こり、さらに氷期の気候変動の影響で移住を繰り返していくことになります。

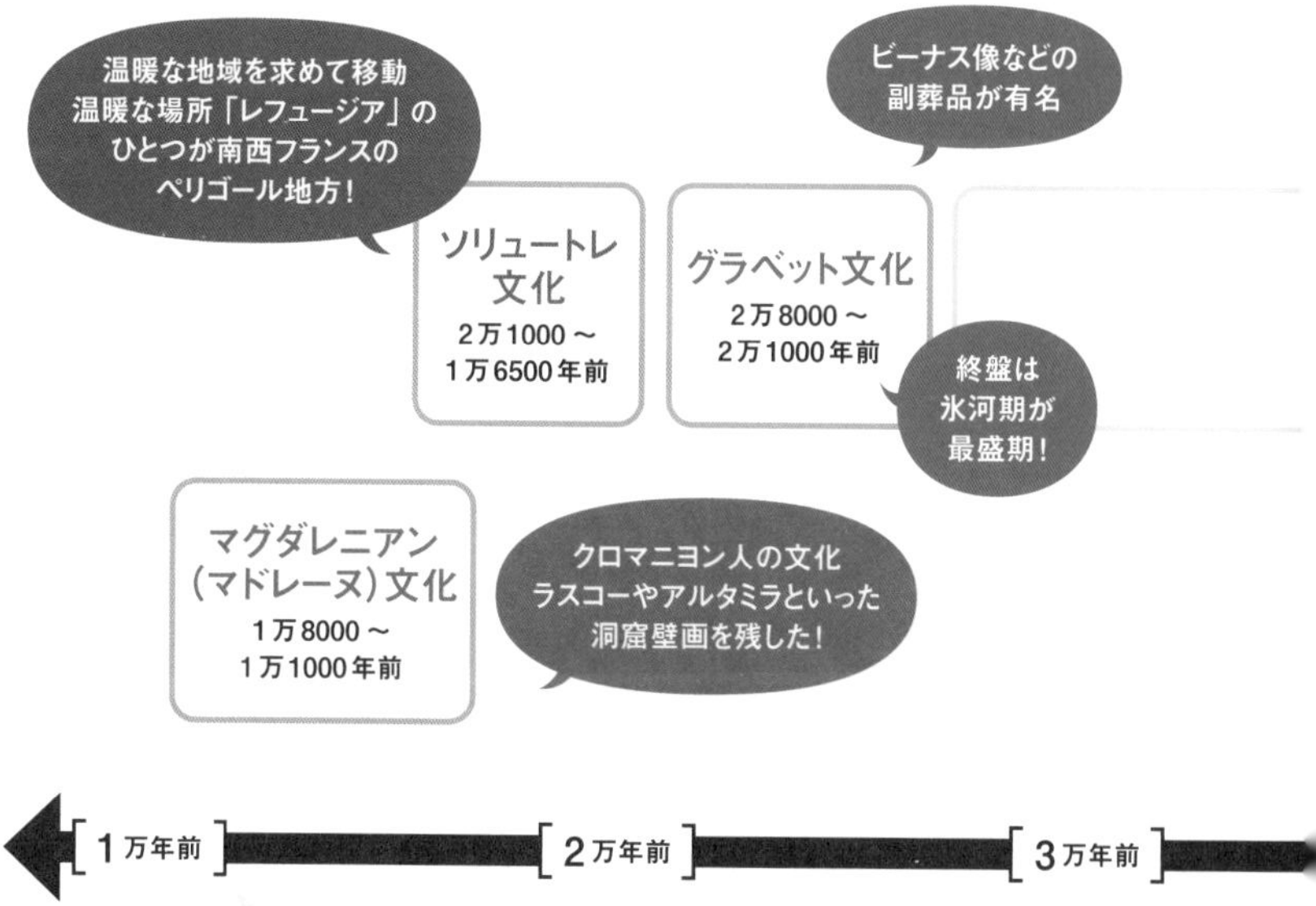

ビーナス像などの副葬品が有名
温暖な地域を求めて移動
温暖な場所「レフュージア」のひとつが南西フランスのペリゴール地方!
グラベット文化
2万8000～2万1000年前
終盤は氷河期が最盛期!
ソリュートレ文化
2万1000～1万6500年前
マグダレニアン（マドレーヌ）文化
1万8000～1万1000年前
クロマニヨン人の文化
ラスコーやアルタミラといった洞窟壁画を残した!
1万年前
2万年前
3万年前

UPDATE 02

アナトリアの農耕民による拡散

旧石器時代の始まりと終わりに移住の波が押し寄せたヨーロッパ。新石器時代になって農耕が始まり、第3の移住の波が訪れる。農耕の起源地とされる「アナトリア」の農耕民がヨーロッパに進出し、全域に拡散していく。

UPDATE 01

ヨーロッパの狩猟採集民の時代

ヨーロッパの狩猟採集民は、集団の置換をともないながら拡散と分化を繰り返し、マグダレニアン文化以降は東西ヨーロッパと、ベルギーのゴイエ洞窟人骨につながる集団という遺伝的に異なる3つのグループに分かれたと考えられている。

1万年前までは狩猟採集が主な生業

1万年前までは狩猟と採集を生業としていたので、古代の狩猟採集民社会の様子は残された考古遺物で類推するしかありませんでした。しかし、ゲノム解析が可能になり、ヒトの動きや婚姻システムなどを直接検証できるようになりました。ロシア西部スンギール遺跡の人骨のゲノム分析によると、彼らの婚姻規模は200～500人程度の集団の中で行われ、3親等以内の近親婚はなかったことが判明。小規模ネットワークながら近親婚を避ける形だったことが理解できます。

近親婚を避けるシステム
婚姻ネットワークの規模は200～500人

肌が白くなるのは5000年前から!?

イギリスで発掘された褐色の肌に青い目を持つ1万年前のチェダーマン

イギリスで発見されたチェダーマンは、DNA分析によって復元された約1万年前の人物で、褐色の肌に青い目を持っていました。旧石器時代のヨーロッパ全域、中石器時代の西ヨーロッパの人々は、肌を暗褐色にする遺伝子を持っていました。ヨーロッパ人が皮膚の色を明るくする遺伝子を多く持つようになるのは約5000年前以降で、青い目を普遍的に持つようになる変異は約8000年前とされています。肌や目の色は、自然選択や交雑が絡む偶然の産物に過ぎないのです。

UPDATE 02

アナトリアの農耕民による拡散

新石器時代になり、アナトリアの農耕民によって、ヨーロッパの全域に農耕が伝えられた。在来の狩猟採集民と、アナトリアの農耕民が持つゲノムは大きく異なっており、4500年前にはほぼ全域の集団が双方のハイブリッド集団になった。

農耕民がヨーロッパ全域に拡散

ヨーロッパへの農耕拡散のルートは主にふたつ。ひとつはドナウ川沿いに大陸中央部に向かうルートで、もうひとつは地中海の沿岸を進むルートです。中央ヨーロッパの初期農耕民の文化である「線《せん》帯《たい》文《もん》土《ど》器《き》文化」の人骨のゲノムに占める狩猟採集民のゲノムは5%程度で、狩猟採集民の影響はほとんどありません。地域によってバラツキがありますが、一般に西に向かうほど狩猟採集民の遺伝的な影響が強くなる傾向があります。また、ゲノムを分析することで、イギリスには地中海からフランスを経由した集団によって伝えられたことなど、農耕が進んだ道筋を推定することも可能です。

ヨーロッパにおける初期農耕の拡散ルート

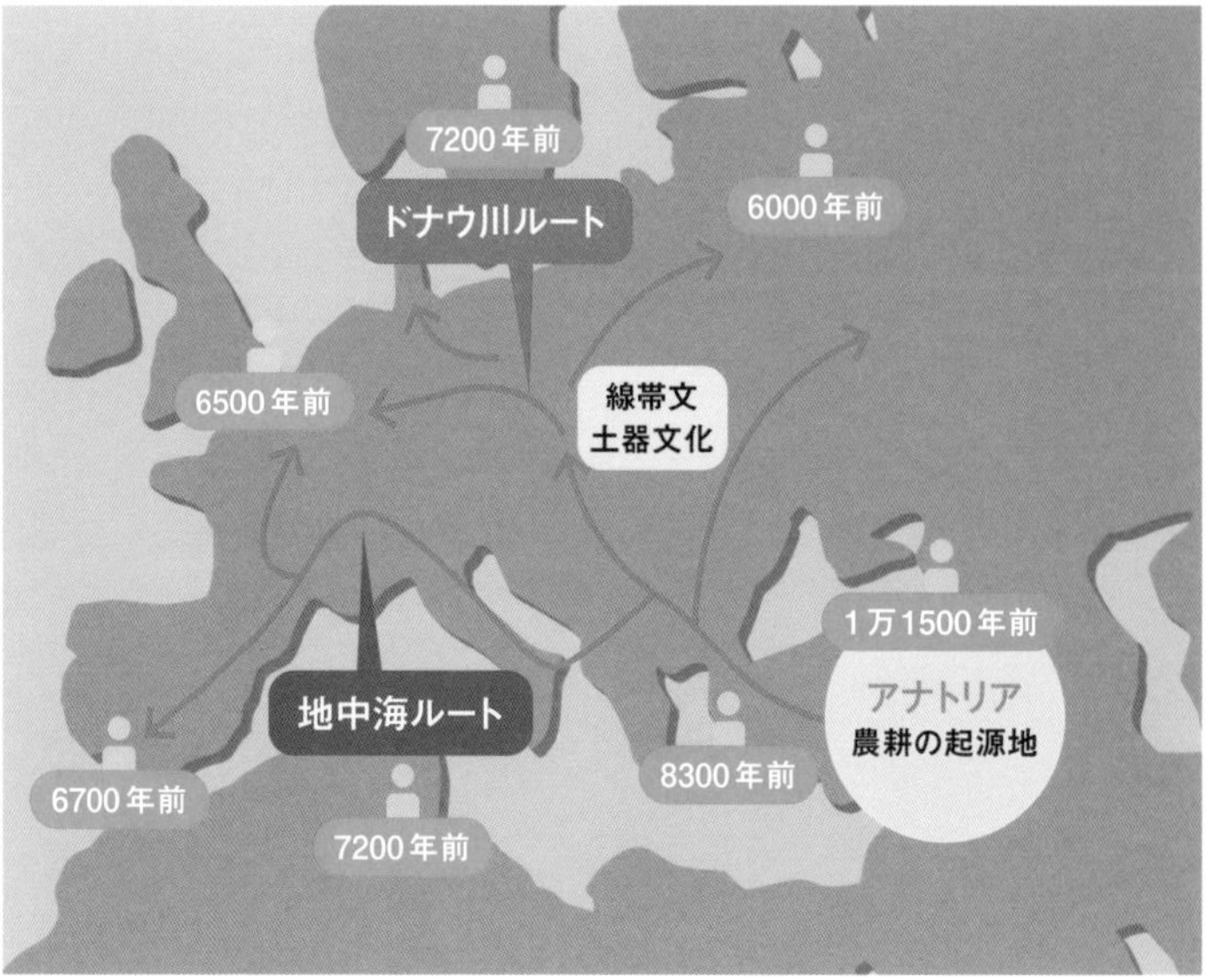

青銅器時代に大きく変わる「ヨーロッパ集団」

東のステップ地域から新たな移住の波が到来

これまで、現代のヨーロッパ人は狩猟採集民を土台とし、農耕民が混合することで成立してきたと考えられてきましたが、古代ゲノムの解析によって、ヨーロッパ各地で5000年前以前と以降で、住民の遺伝的な構成が大きく変わっていることが判明しました。

ヨーロッパにおける青銅器時代の文化

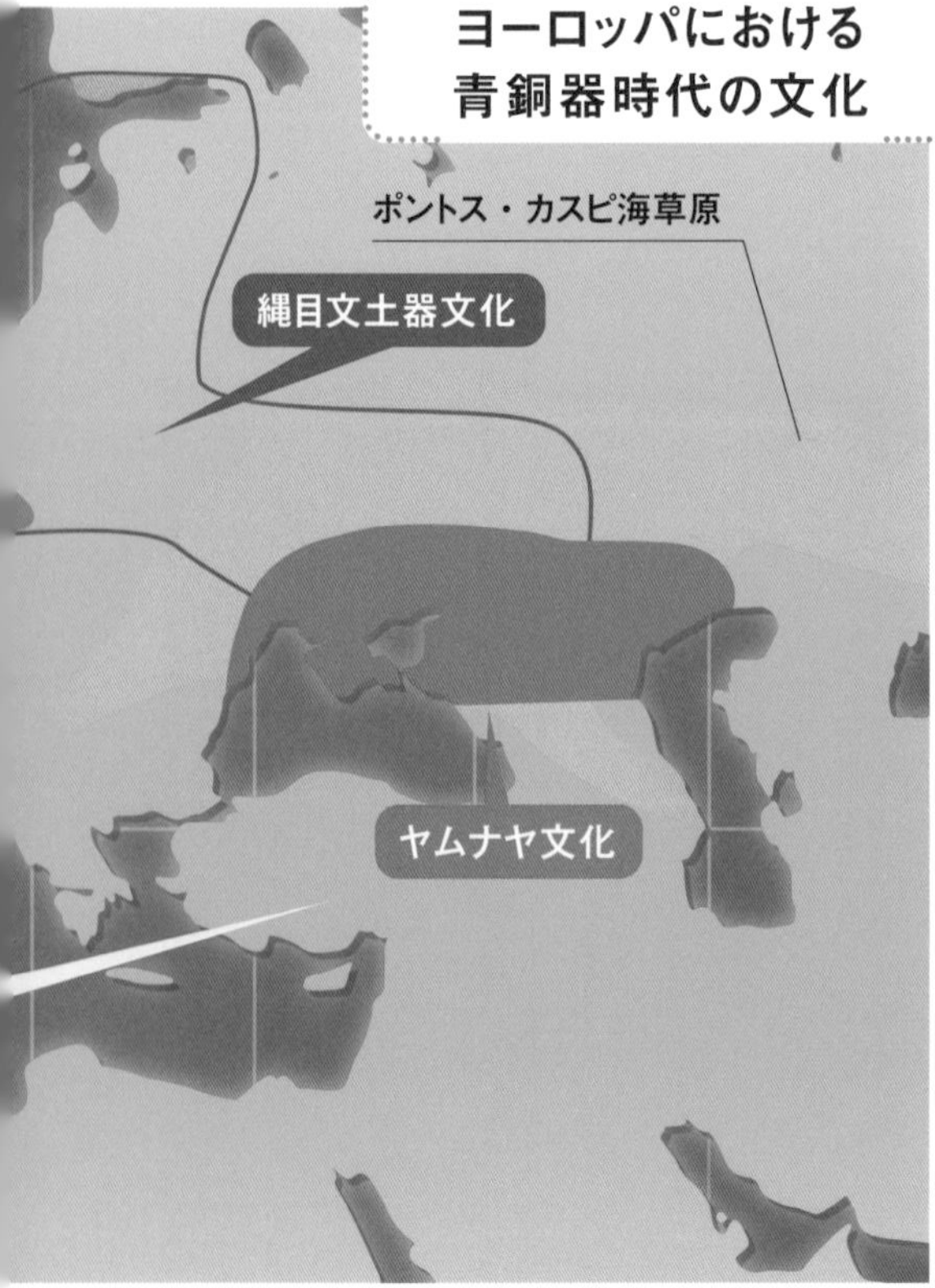

この時期は、新石器時代からその後2000年も続く「青銅器時代」に移り変わる節目の時期。4900〜4500年前にポントス・カスピ海草原という広大なステップ地域に「ヤムナヤ」と呼ばれる牧畜を主体とする集団の文化が生まれました。彼らは馬や車輪を利用することで瞬く間に広範な地域への拡散を成し遂げ、ヨーロッパの農耕社会の遺伝的な構成を大きく変えることになります。

彼らのもたらした文化は「縄目《なわめ》文土器《もんどき》文化」や「鐘状《かねじょう》ビーカー文化」で、その遺伝的影響は北方地域ほど大きかったようです。

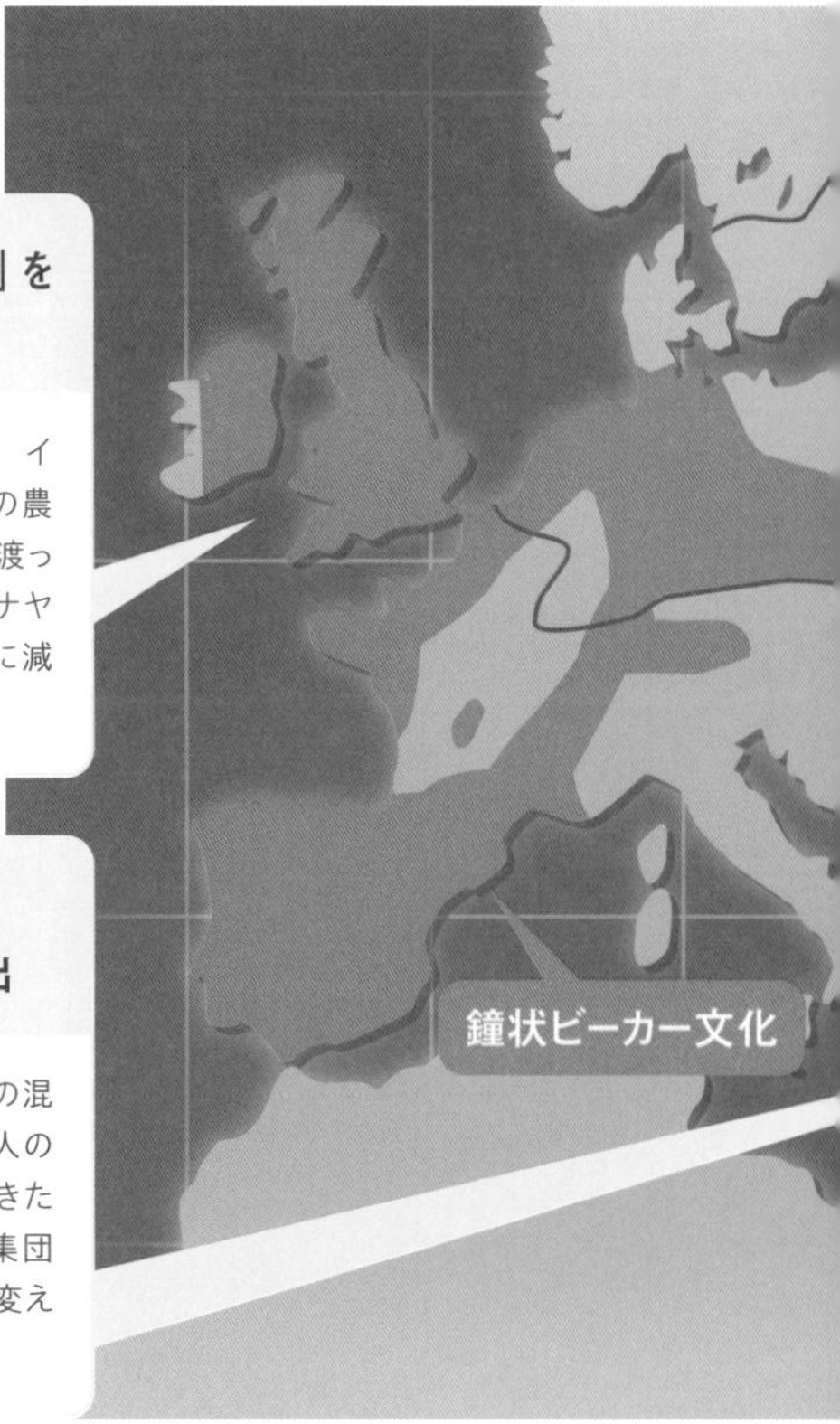

UPDATE 02

イギリスの「ストーンヘンジ」をつくった集団が消えた理由

先史時代の有名な巨石遺跡のひとつ、イギリスの「ストーンヘンジ」。イギリスの農耕民（地中海ルートのフランス経由で渡った集団）がつくったとされるが、ヤムナヤ由来の遺伝子の流入によって、一挙に減少することになる。

UPDATE 01

ヨーロッパ人のゲノムを一変させた牧畜民の進出

5000年前までは狩猟採集民と農耕民の混合によって構成されていたヨーロッパ人のゲノムが、東のステップ地域からやってきた「ヤムナヤ」という牧畜を主体とする集団の進出によって、遺伝的構成を大きく変えることになる。

UPDATE 01

ヨーロッパ人のゲノムを一変させた牧畜民の進出

ヨーロッパ農耕社会の遺伝的構成を大きく変えたのが、約5000年前以降に起こったヤムナヤ集団の進出だ。東のステップ地域を出発し、馬や車輪を利用しながら瞬く間に広範囲に拡散。基本的には北方ほど大きな影響を受けている。

「ヤムナヤ」と呼ばれる牧畜民

ポントス・カスピ海草原はハンガリーからアルタイ山脈に広がる地域で、牧畜を主体とする「ヤムナヤ」という集団の文化が生まれました。彼らのヨーロッパ進出によって、狩猟採集民と農耕民のハイブリッドが中心だった当時の遺伝子構成が一変。例えば、彼らの流入後、ドイツの農民の遺伝子の4分の3はヤムナヤ由来の遺伝子に置き換わったことがわかっています。ヨーロッパ人の乳糖耐性遺伝子（P74）や、身長を高くする遺伝子などもヤムナヤ由来だと考えられています。

馬や車輪を利用することで
広い地域に拡散

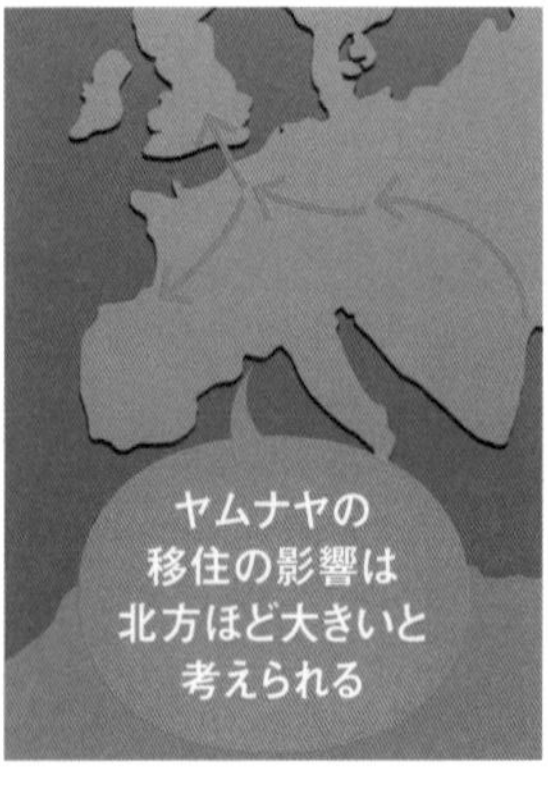
ヤムナヤの
移住の影響は
北方ほど大きいと
考えられる

5000年前に遺伝的変化をもたらした移住の波

ヤムナヤがもたらした文化は、ヨーロッパでは「縄目文土器文化」と呼ばれ、北東ヨーロッパや中部ヨーロッパの北部に分布しています。また、ほぼ同時期に西ヨーロッパには「鐘状ビーカー文化」が広がっており、その担い手のゲノムを分析したところ、ヨーロッパの中央部やイギリスの集団はヤムナヤの系統だったのに対し、イベリア半島では在来集団のものだったことがわかりました。ヤムナヤ遺伝子の流入には地域差がありますが、主に北方に色濃く影響しています。

UPDATE 02

イギリスの「ストーンヘンジ」をつくった集団が消えた理由

世界的に有名な先史時代のイギリスの環状遺跡「ストーンヘンジ」。ヤムナヤ集団のヨーロッパ進出は、集団の遺伝子の置き換えを起こすことで、この遺跡をつくった在来農耕民の遺伝子を一挙に減らすことになる。

在来集団との遺伝子の置換が起こった

「ストーンヘンジ」をつくったのは、地中海ルートでフランスを経由してイギリスに渡った農耕民の系統と予想されます。ヤムナヤ遺伝子が流入した直後、この在来集団の遺伝子が一挙に減少しています。現代のイギリス人に伝わる在来の農耕民の遺伝子は1割程度で、残りはヤムナヤに由来する「鐘状ビーカー文化」の人々のものになっています。現代に続くヨーロッパ人の地域差は、青銅器時代の農耕民とヤムナヤ文化人の混合の仕方の違いに起因すると考えられています。

イギリスの環状遺跡「ストーンヘンジ」

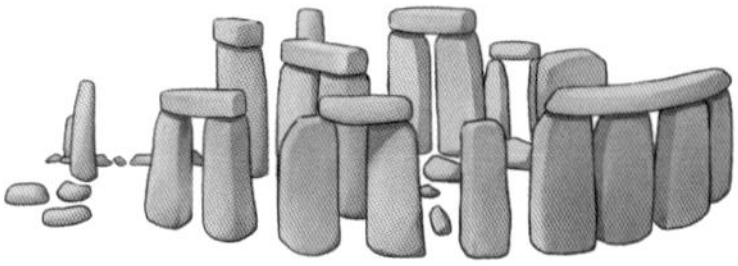

ペストとともにやってきたヤムナヤ文化

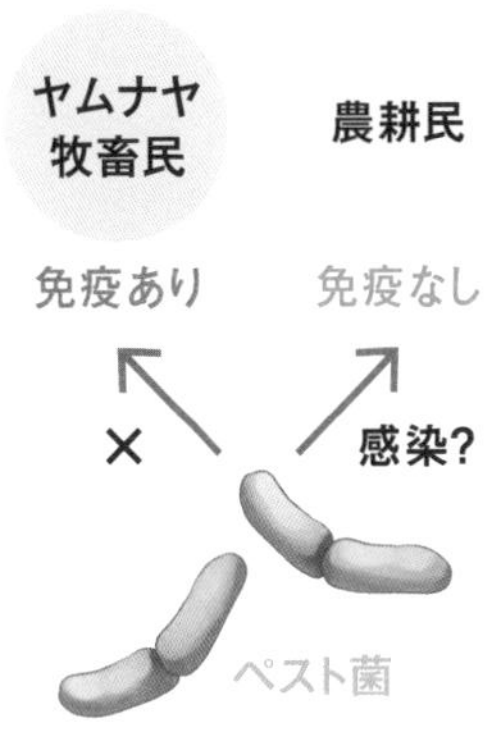

次世代シークエンサを使った古人骨の分析では、細菌やウイルスのDNAもデータとして取得できます。伝染性の強いペストは、実は歴史的に記録された3回の大流行以前にも、ヨーロッパを襲った可能性があります。これまで解析されているヤムナヤ集団のゲノムの7%からペスト菌のDNA断片が検出されています。彼らは免疫をある程度持っていましたが、ヤムナヤとともにペストがヨーロッパに入り、免疫を持たない農耕民社会に大打撃を与えた可能性があります。

地域集団の成立

03

「インド・ヨーロッパ語族」って？

言語族の移動も地域集団の成立に影響

ヨーロッパでは、東西の狩猟採集民とアナトリアの農耕民の混合が起こり、青銅器時代になってヤムナヤ文化人が流入することで、地域集団が形成されていきました。

その後、青銅器時代の後期にユーラシアステップに興ったアンドロノヴォ文化集団もヤムナヤ集団と同

ヨーロッパとインドの集団成立のシナリオ

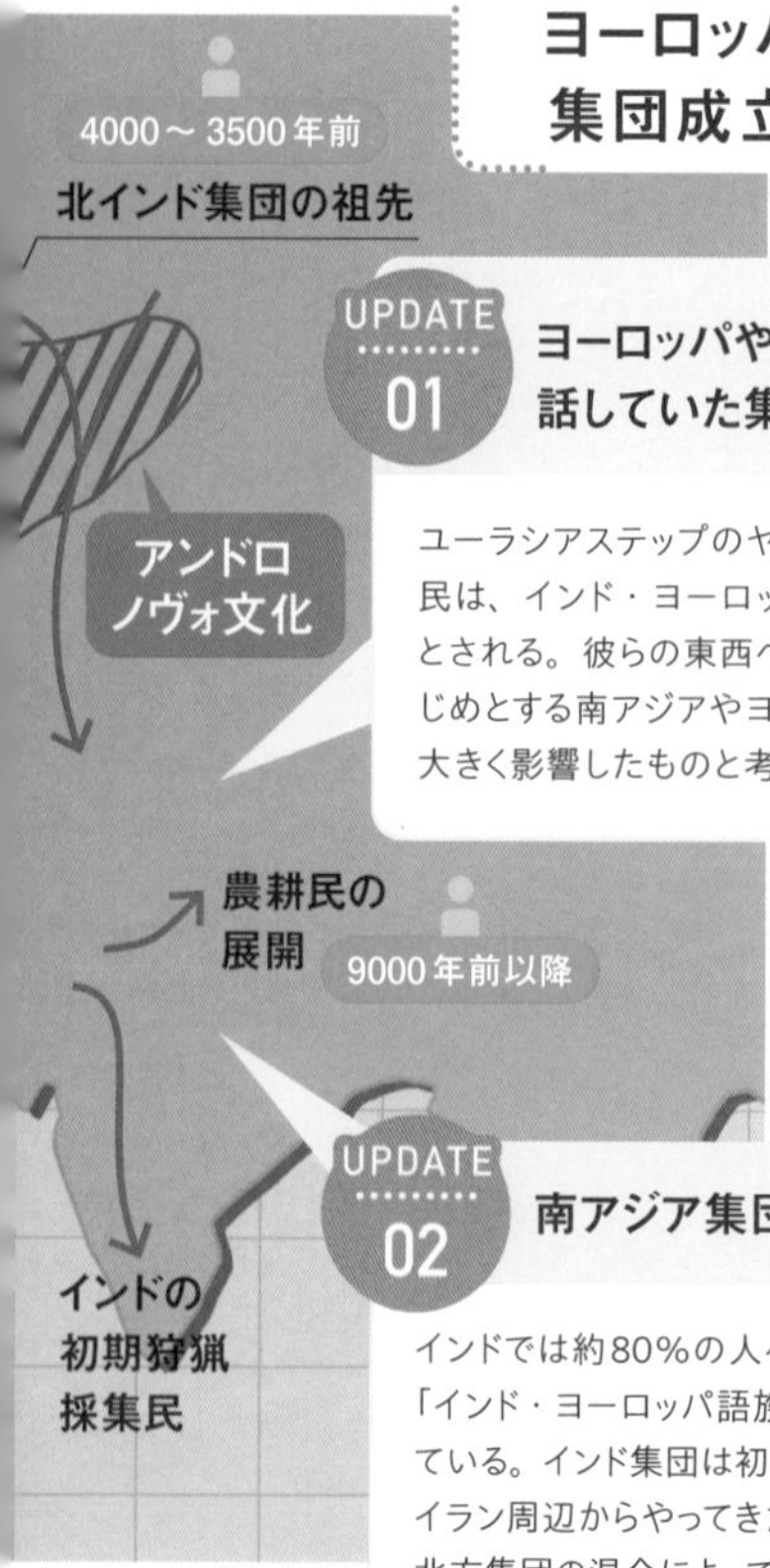

UPDATE 01

ヨーロッパやインドの祖語を話していた集団

ユーラシアステップのヤムナヤ文化などの遊牧民は、インド・ヨーロッパの祖語を話していたとされる。彼らの東西への拡散が、インドをはじめとする南アジアやヨーロッパの集団形成に大きく影響したものと考えられている。

UPDATE 02

南アジア集団の成立

インドでは約80%の人々が、ヒンディー語など「インド・ヨーロッパ語族」に属する言語を話している。インド集団は初期拡散の狩猟採集民とイラン周辺からやってきた初期農耕民、新たな北方集団の混合によって成立したとされる。

様に東西への拡大を開始。このふたつの集団は、インド・ヨーロッパ語の祖語を使っていたと考えられており、この言語族がこの時期に大きく拡散したと考えられています。この「インド・ヨーロッパ語族」の発祥地はヤムナヤ文化だとされていますが、これより前の状況もわかってきました。7000〜5000年前のコーカサス集団がその一端を担ったとされ、彼らが北方に進出してウクライナの在来集団と混合したことでヤムナヤ集団が形成されました。一方、彼らはアナトリアにも移住しましたが、この集団にはヤムナヤの影響がなかったと考えられています。

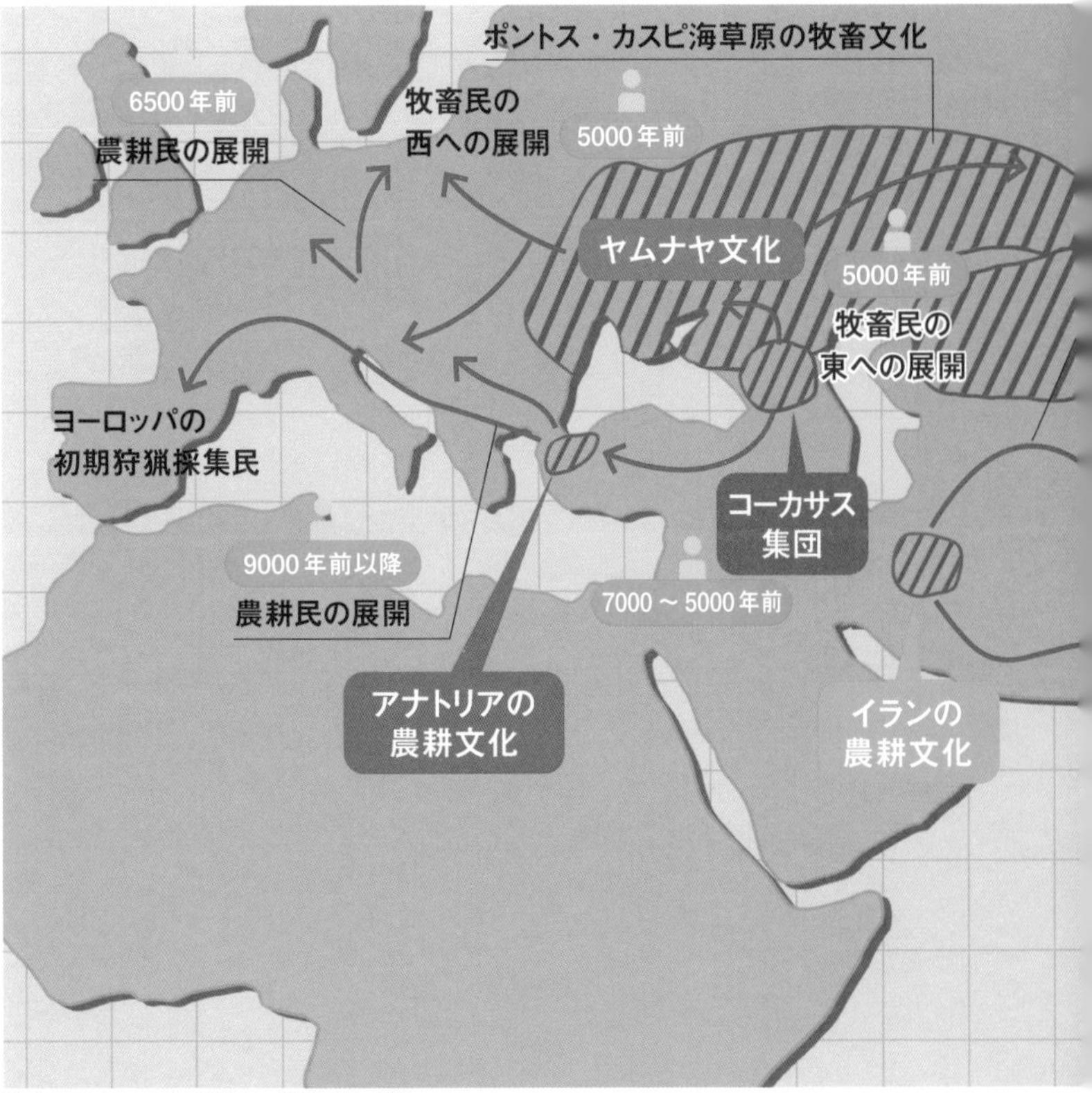

※Narasimhan et al. 2019を一部改変して引用

UPDATE 01 ヨーロッパやインドの祖語を話していた集団

古代ゲノムの解析によって、ポントス・カスピ海草原のヤムナヤ文化集団などの遊牧民はインド・ヨーロッパの祖語を話していたとされ、青銅器時代における東西への拡散が、ヨーロッパや南アジアの集団形成に大きく影響したと考えられる。

古代ゲノム解析でヤムナヤ集団と考えられるが……

古代ゲノムの解析によると、「インド・ヨーロッパ語族」の発祥は、ポントス・カスピ海草原で生まれたヤムナヤ文化だとされ、青銅器時代初期の5000～4100年頃に東西への拡散を始めました。それより前の時代の様子も明らかにされてきており、7000～5000年前のコーカサス集団が北方に進出してウクライナの在来集団と混合してヤムナヤ集団が形成されたことがわかっています。コーカサス集団は、アナトリアにも移住していますが、そこでのヤムナヤの影響はなかったようです。

ヤムナヤのヨーロッパ進出で言語も広がった

青銅器時代初期のヤムナヤ集団の東西への拡散に続き、青銅器時代の後期には、同じポントス・カスピ海草原で興ったアンドロノヴォ文化を担う人々がヤムナヤ人と同じくヨーロッパやシベリアといった東西への拡大を開始しました。彼らもインド・ヨーロッパ語の祖語を使っていたと考えられており、この時期におけるユーラシアステップの遊牧民の拡大が、これらの言語を広め、現代につながる集団の形成に大きく寄与したものと考えられています。

UPDATE 02

南アジア集団の成立

現代のインド人は、北方のヨーロッパ人と祖先を共有するグループと、在来の南インド集団の混合によって形成されたことがわかっている。そして、今日の南アジア集団の形成には、3回にわたる移住の波が影響していると考えられている。

北方ヨーロッパ人と南インド集団の混合

南アジア（インド）集団は
3回の移住の波で成立

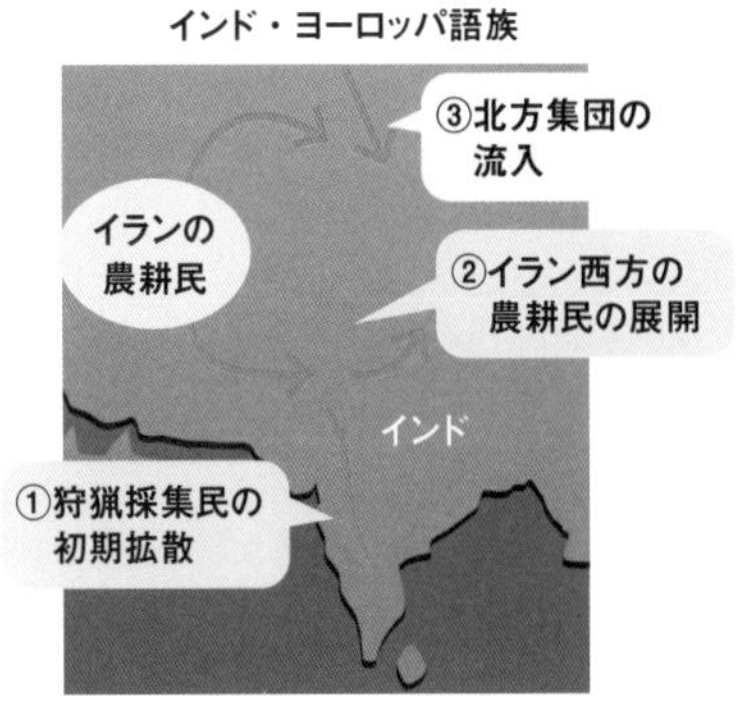

インド人のルーツのうち、北方集団は農耕をもたらし、南方集団は初期拡散でインドに定着した狩猟採集民だと考えられていましたが、古代ゲノムの解析によって、移住の波は3回あったことがわかりました。まず、初期拡散で狩猟採集民がインドに。そこへ9000年前以降に現在のイラン付近からやってきた初期農耕民が混合して南方の在来集団が形成されました。その後に北方からのヨーロッパ集団との新たな混合が起こって今日につながる集団が形成されたと考えられます。

北インド集団の祖先はヤムナヤ集団とは限らない

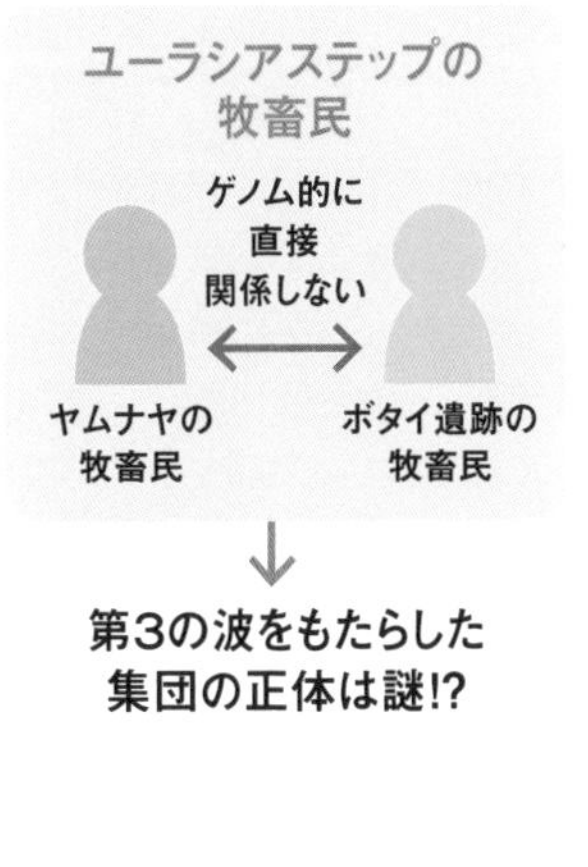

インドにおける「第3の波」をもたらした北方集団とは誰なのでしょう。この時期はヨーロッパにヤムナヤ集団が流入した時期でもあるため、彼らが南アジアにも進出したと考えたくなりますが、そう単純な話ではないようです。ユーラシアステップの遊牧民は必ずしも均一な集団ではなく、カザフスタンのボタイ遺跡の人骨などはヤムナヤの系統とは異なる東シベリアの狩猟採集民にルーツを持つ系統でした。南アジアに進出した集団が必ずしもヤムナヤ人とは限らないのです。

04

狩猟採集民や農耕民が複雑に混ざり合う「東アジア集団」

多様な環境と言語形成過程が複雑な東アジア

東アジア集団の成立はとても複雑です。ユーラシア大陸の東部は熱帯雨林から砂漠、永久凍土のツンドラまでさまざまな環境を含み、人々がそのような多様な環境に適応したことも集団の構成を複雑にした要因になったと考えられます。

初期拡散によって、南アジアから

UPDATE 01 集団構成が複雑な東アジア

東アジアは、広大なエリアに多様な環境を含み、使用される言語もさまざま。婚姻は基本的に同じ言語グループ内で行われることから、アジア集団の遺伝的な分化は言語集団にほぼ対応していることが示されている。

UPDATE 02 さまざまな農耕民の拡散が多様な言語族を生み出した

一般的には、農耕の中心地で人口の増加が起こり、それが周辺に波及するというプロセスの中で言語が拡散していくと考えられる。東アジアでも同様のことが起こり、農耕民の拡散が言語集団の形成に大きく影響したとされている。

東南アジアに進出した狩猟採集民は、そこから北上して古代東アジア集団を形成します。中国の田園《でんえん》洞《どう》や縄文人などから得たゲノム分析によると、東アジアの内陸部を北上した集団と、南東部沿岸の海岸線に沿って北上した集団がおり、沿岸の集団の中で約4万年前以降に日本列島に到達したグループが縄文人の母体になったと推測されます。

また、東アジアは、使用している言語が多様です。言語の系統と遺伝的な変化は関係が深く、1万1700年前に始まる完新世以降の集団の移動は、多様な言語グループの形成にも影響しています。

東アジアにおける旧石器時代のヒトの移動

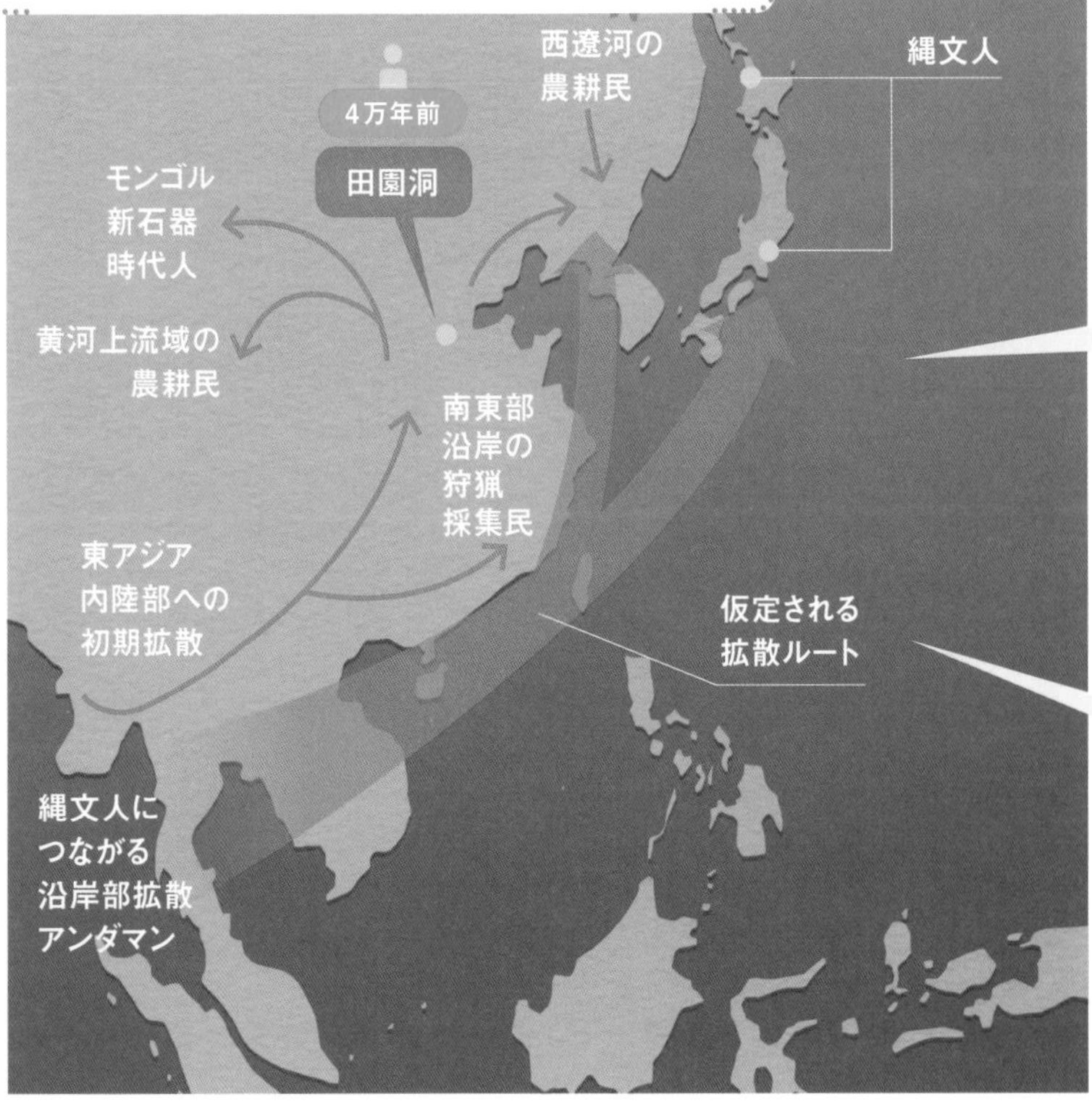

UPDATE 01 集団構成が複雑な東アジア

東アジアには10以上の言語族が存在し、言語と遺伝的変化は基本的に対応することから集団の形成も複雑に。また、同じ中国の漢民族でも南北の地域集団の間では言語も遺伝的にも違いが認められ、集団形成の過程が明らかになっている。

多様な言語族が存在する

婚姻は基本的に同じ言語グループ内で行われることから、言語族は遺伝的な違いを反映すると考えられています。東アジアには、シノ・チベット語族、タイ・カダイ語族、オーストロネシア語族、モン・ミエン語族、モンゴル語族、テュルク語族、ツングース語族、ユカギール語族、チュクチ・カムチャツカ語族、韓国語族、日琉語族などの多様な言語集団が存在します。1万年前以降の集団の移動は、この東アジアの多様な言語集団の形成にも影響しているはずです。

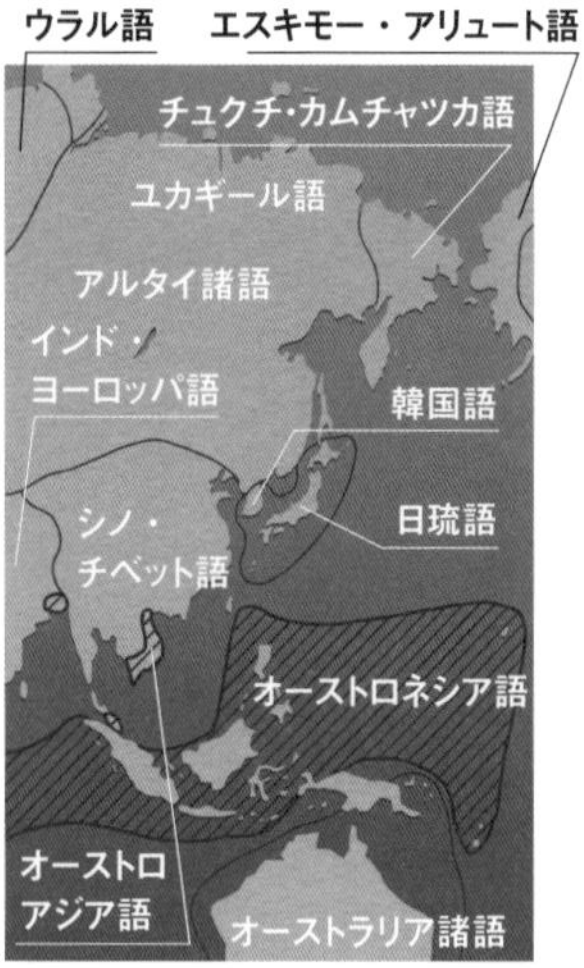

古代の中国人と現代の東アジア人の関係

横軸は第1主成分、縦軸は第2主成分を表す

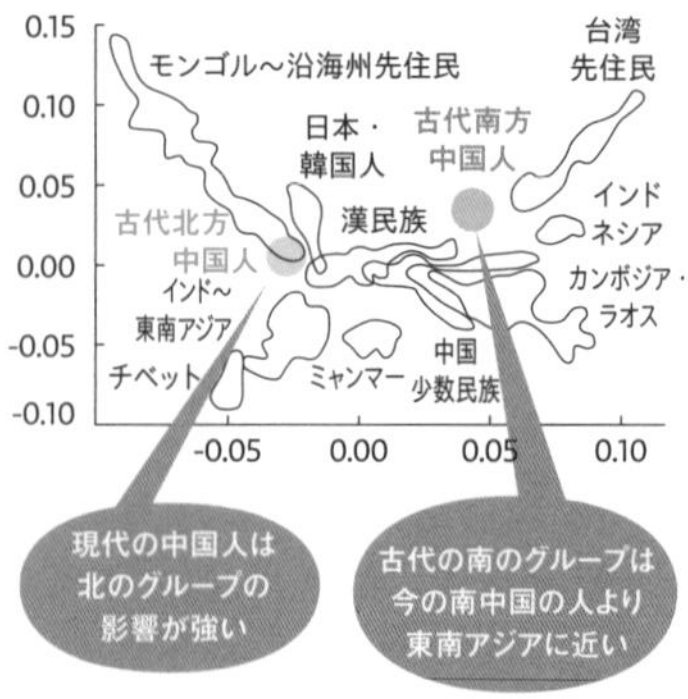

※Yang et al. 2020を一部改変して引用

南北で異なる中国の集団

左の図は、古代の中国人と現代の東アジア人の関係を示したもの。これによると、もともと中国の古代人は南北で区別しうる集団だったものが、1万年前以降の農耕民の拡散などで混合していった様子が明らかになっています。現代の中国人の祖先の大部分は北のグループにつながっており、さまざまな割合で南のゲノムを取り込んでいます。おそらく5000～4000年前に北方集団の拡散が始まったと推定されています。南の集団も東南アジア寄りの現代人のゲノムに近くなります。

UPDATE 02

さまざまな農耕民の拡散が多様な言語族を生み出した

言語集団の分布と農耕民の拡散の影響を調査するため、2021年に東アジアの現代人と8000年前以降の古代人のゲノムを解析。大陸部と沿岸部のそれぞれで農耕民との混合が起こり、現在に続く集団が形成されたことが判明した。

完新世における東アジア集団の拡散

遼寧《りょうねい》省北部の西遼河《せいりょうが》流域の古代人は、キビを中心とした雑穀農耕を行っており、彼らが日本に農耕をもたらした人々の起源だと考えられています。また、シノ・チベット語族に属する集団は、黄河流域の雑穀農耕民に起源があり、南のチベット高原や東の海岸部へと拡大したとされます。これに対し、南の地域では稲作農耕が主体でした。つまり、東アジアの大陸部ではふたつの雑穀農耕民と南方の稲作農耕民が拡大し、それぞれの混合が続くことで集団を形成。一方、沿岸部では初期拡散で定着した人々と農耕民の混合によって現在につながる集団が形成されたと考えられます。

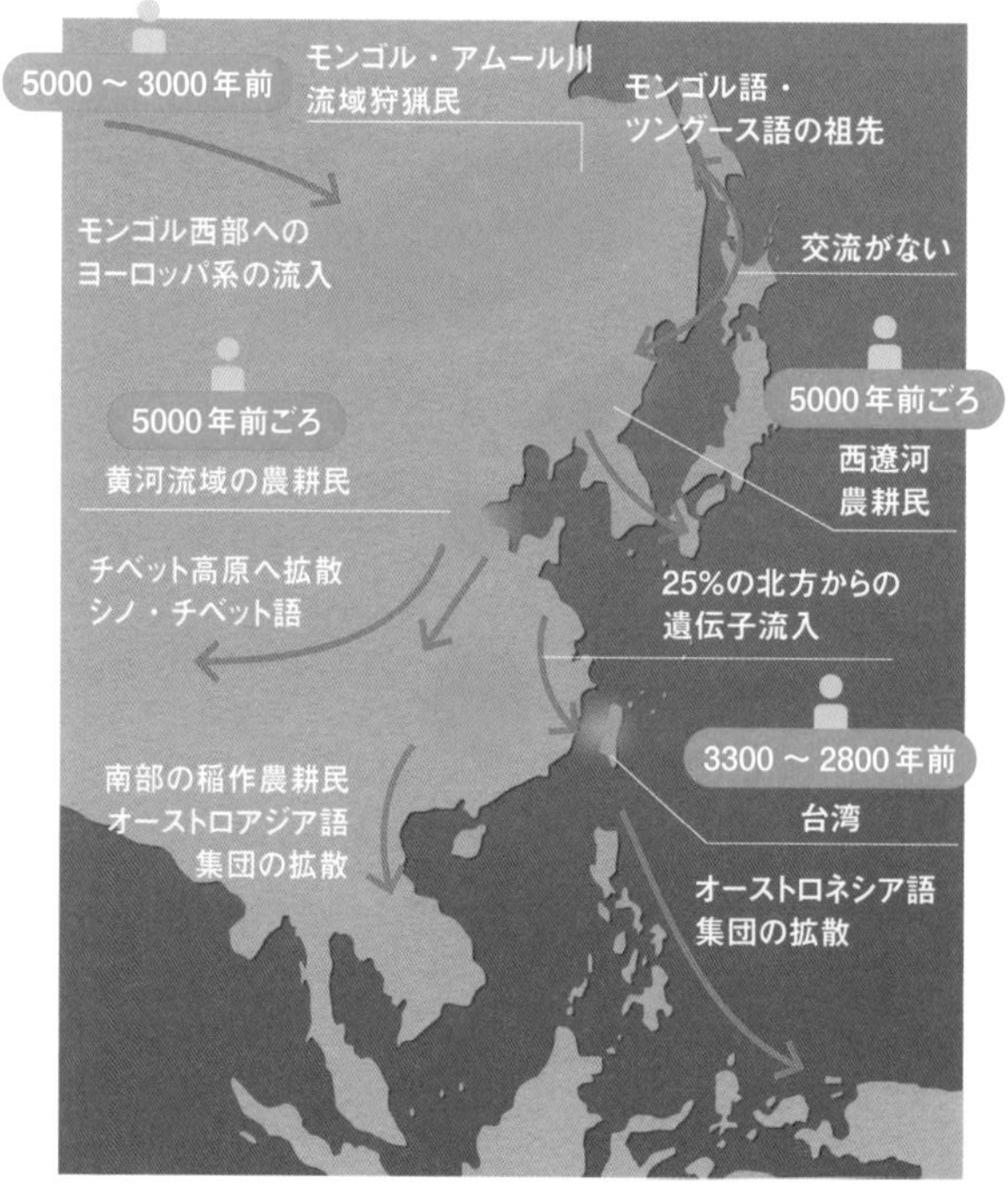

Column 3

東南アジアに残る初期拡散の痕跡

初期拡散で南アジアに進出したホモ・サピエンスは、その後、東南アジアに展開。化石の証拠から約5万年前にはこの地に到達していたものと考えられています。しかし、東南アジアは南アジアと同様に古人骨とそのDNAの保存に適した場所ではなく、1万年前より古い人骨のDNAデータはありません。そのため、基本的には現代人のゲノムデータを用いて考察が進められています。その中でデニソワ人系統の人類との混血が認められ、旧人類との複雑な交雑の状況が予想されています。

また、オーストラリアの先住民であるアボリジニや、パプアニューギニアの先住民、そして東南アジアの先住民のミトコンドリアDNAには、直接アフリカに結びつく分岐の古いものが存在します。東南アジアには初期拡散でこの地に到達したホモ・サピエンスのゲノムが間違いなく残っているのです。

初期拡散の時期は最終氷期であり、この地域は「スンダランド」というひとつの陸塊でした。したがって、最初は似たような遺伝的構成をした集団が住んでいたと予想されますが、1万年前以降は海水面の上昇によって、半島部と島嶼部に分かれ、別々の道を歩むようになったと考えられます。半島部は初期拡散で定着した人々と、その後、中国南部からやってきた農耕民（P113）の混合によって集団が形成されました。一方、島嶼部は「アウトオブ台湾モデル」（P95）で紹介した初期農耕民の海洋進出によって、現在につながる集団が形成されたと考えられています。

第4章

日本人とは何者なのか？

01

ゲノムで解析する現代日本人の「地域変異」とは?

日本人の起源に関する「二重構造モデル」の限界

ゲノム研究の発展以前は、日本人の起源も発掘された人骨の形態をもとに研究され、日本列島集団にはふたつの大きな特徴があると考えられてきました。

ひとつ目は、縄文時代と弥生時代という時代が異なる人骨の間の明確に認識できる違い。ふたつ目は、

日本人は
どこから
やってきたのか?

UPDATE 01

単一的な二重構造モデルの限界

二重構造モデルは、列島内部に見られる形質の時間的・空間的な違いを「基層集団である縄文人と渡来した集団の関係」という単一の視点で説明。南北3000kmを超える日本列島・南西諸島の集団の成立を正確に説明するには限界がある。

北海道のアイヌ集団と、琉球列島集団、本州・四国・九州を中心とした本土日本人という3つの集団に姿形に区別しうる特徴があることです。このような違いを説明する原理として、「二重構造モデル」という学説が定説とされてきました。この学説は、旧石器時代に東南アジアなどから日本列島に進出した集団が縄文人となり、やがて列島に入らず北上した新石器時代の北東アジア人が渡来系弥生人となってやってきたという説です。

しかし、近年のゲノム分析により、二重構造モデルでは説明できない事実が明らかになっています。

UPDATE 02

地域ごとに集団形成の過程が異なる!

日本列島には、地域ごとに異なる歴史が存在する。したがって集団の成立過程を紐解くには地域別に考えるほうが自然。しかし、従来の二重構造モデルには、先に「日本人」「縄文人」といった枠があり、地域集団という発想が不足している。

UPDATE 01 単一的な二重構造モデルの限界

「二重構造モデル」は、旧石器時代に東南アジアなどから日本列島に進入した集団を基層集団（縄文人）とし、その後、新石器時代に北東アジアから朝鮮半島経由で渡来した集団（弥生人）が入ってきたという単一的な視点が特徴といえる。

縄文人と弥生人という枠

「二重構造モデル」では、東南アジア由来の旧石器人が縄文人になり、列島に入らず北上した集団は、寒冷地適応を受けて形質を変化させ、北東アジアの新石器人になったとされています。弥生時代になり、この集団の中から北部九州に稲作をもたらす渡来系弥生人が現れ、稲作が入らなかった北海道や、北部九州から2000年遅れて稲作が始まった琉球列島では縄文人の遺伝的特徴が強く残ることになり、それが両者の見た目の類似性を生んだと考えられています。つまり、縄文人と弥生人の違いは、集団の由来が異なることに起因するという単一的な視点で説明しているのです。

二重構造モデルのイメージ

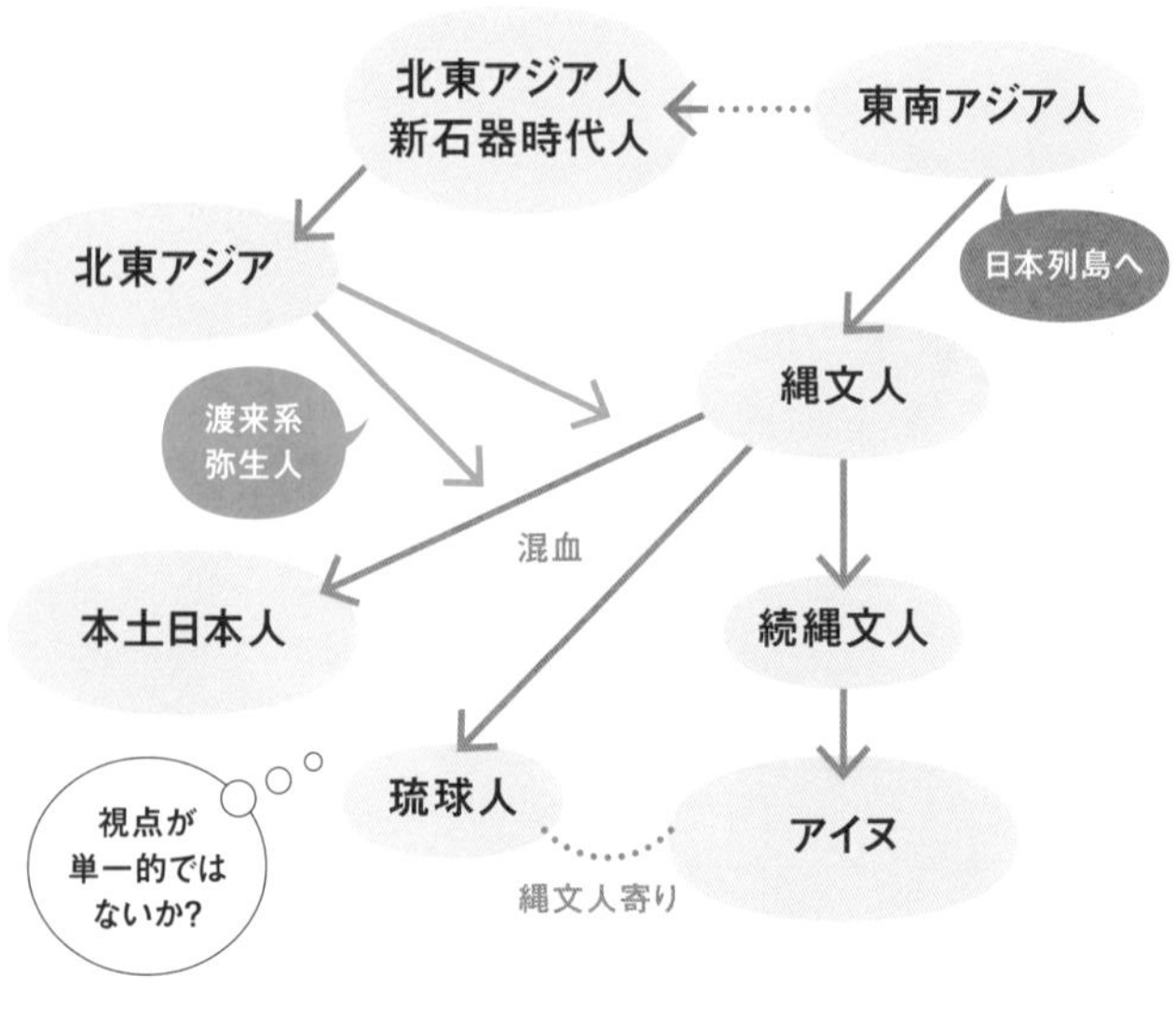

UPDATE 02

地域ごとに集団形成の過程が異なる!

地域別に現代日本人のゲノムを比べると、北海道のアイヌ集団、沖縄集団、本州・四国・九州のいわゆる本土日本人の間で違いが見られる。それは、地域ごとに異なる歴史があり、集団成立にも異なるプロセスがあることを示している。

「地域」という視点の重要性

右の図は、都道府県別の核ゲノムSNP解析を表したもので、近畿・四国などの本土日本の「へそ」の部分と、九州や東北の間に違いが見えます。畿内を中心とした地域では、渡来系集団の遺伝的な影響が強く、周辺域では縄文人の遺伝的な影響が強く残っており、それを敷衍《ふえん》して北海道と琉球列島では縄文系の比率が高いはずだと考えるのが二重構造モデル。しかし、「縄文人」や「弥生人」といった枠が先にあり、地域ごとの歴史や集団の成立過程を考える発想がありません。

核ゲノムの都道府県別SNP解析

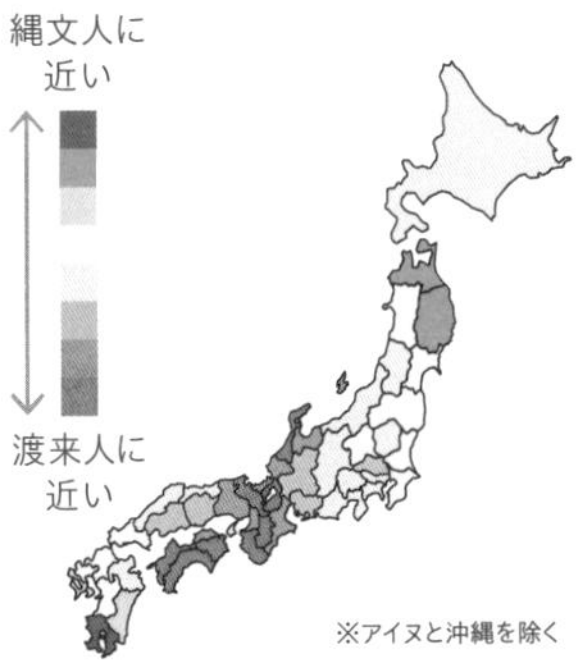

※出村2021より引用

日本列島の3つの異なる文化系統

3つの異なる文化系統

日本列島にホモ・サピエンスがやってきたのは約4万年前。二重構造モデルでは、彼らが均一な形質の縄文人となって列島内に広がったと仮定されていますが、ゲノム解析によって、縄文人はさまざまな地域から入ってきた集団であり、地域によって遺伝的特徴が異なる集団が居住していたことがわかってきました。左の図は、日本列島における3つの異なる文化系統です。地域が違えば、歴史も文化も異なり、集団の成立過程にも大きな違いがあるのは自然なことといえるでしょう。

02

約4万年前、日本列島に最初にやってきた人たち

海を渡ってやってきた旧石器時代人

日本列島にホモ・サピエンスが最初に進出したのは、約4万年前の後期旧石器時代。旧石器時代の遺跡は日本国内に1万箇所ほど知られていますが、人骨は琉球列島を除いてほとんど見つかっておらず、旧石器時代人の実像についてはあまりわかっていません。

旧石器人の日本列島への流入ルート

UPDATE 01

後期旧石器時代に日本列島にやってきた人々がいた!

約4万年前の後期旧石器時代に日本列島に最初のホモ・サピエンスが進入したが、その実像はほとんどわかっていない。沖縄で発見された約2万年前の人骨「港川1号」はミトコンドリアDNAの解析の結果、現代人につながらずに絶滅した人類と考えられている。

日本列島への流入のルートとして考えられるのは主に3つ。朝鮮半島から対馬を経由してくるルート、台湾から琉球列島を渡るルート、シベリアから北海道を通るルートです。前述したように、この時期は最終氷期に当たるため、現在より海水面が低く、本州や九州、四国、沖縄には船で渡ってきたものと考えられます。二重構造モデルでは、縄文人は均一な集団と考えられてきましたが、ミトコンドリアＤＮＡの解析によると、旧石器時代にさまざまな地域から入ってきた集団で形成され、遺伝的特徴が異なる集団が居住していたようです。

UPDATE 02

縄文人の地域差が意味するものとは?

縄文人は均一な集団ではなく、さまざまな地域から流入してきた集団によって形成。また、地域ごとの環境に適応しながら分化の方向に進んだものと考えられる。

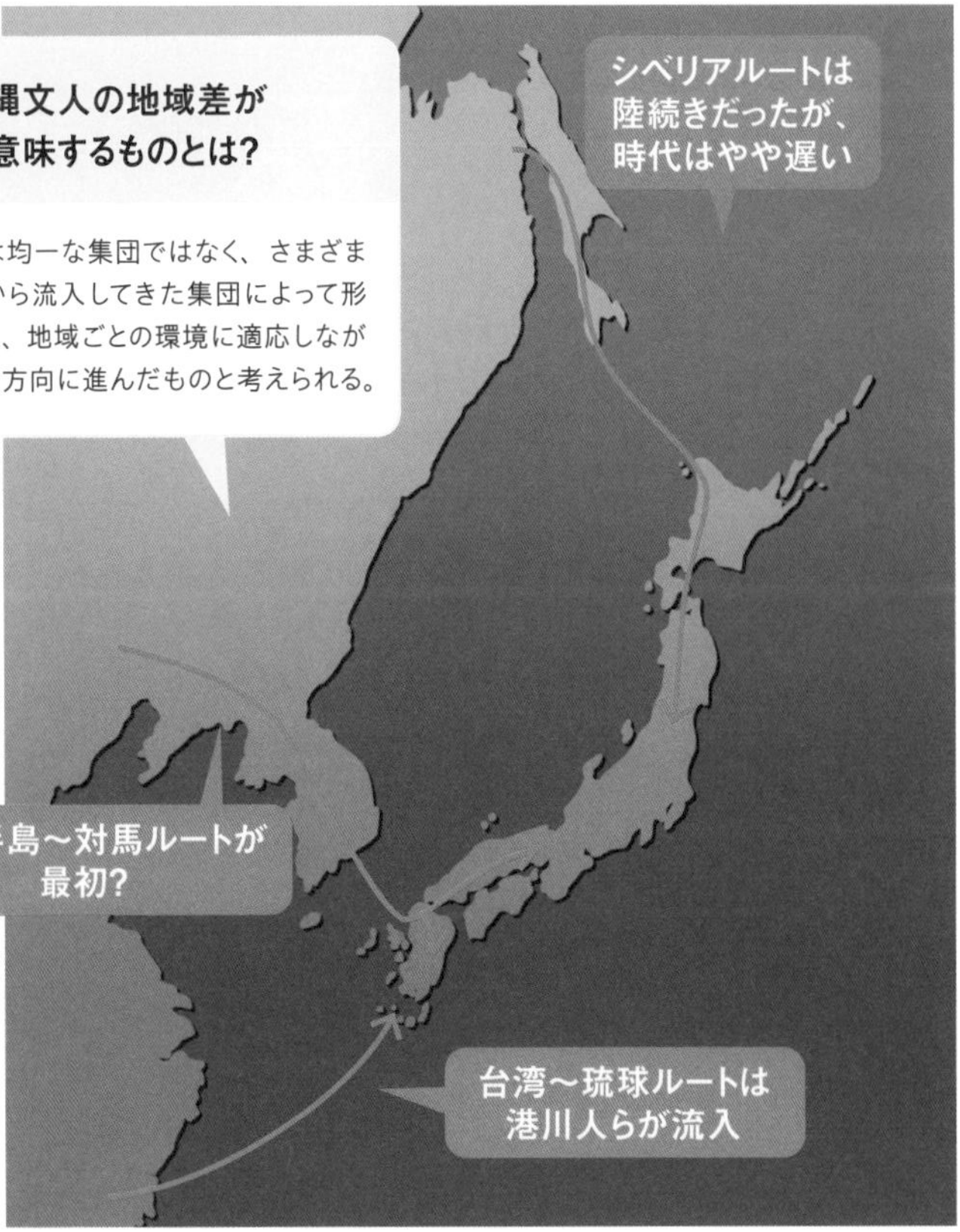
朝鮮半島〜対馬ルートが最初?

UPDATE 01

後期旧石器時代に日本列島にやってきた人々がいた!

日本列島内には、旧石器時代の遺跡は1万箇所ほどあるが、人骨は琉球列島以外ではほとんど見つかっていない。沖縄本島や石垣島で発見された人骨は、ミトコンドリアDNAの分析が行われ、旧石器時代人の系統などが明らかになっている。

遺跡や沖縄の化石人骨のデータ

琉球列島の主な旧石器時代遺跡としては、「港川遺跡」「サキタリ洞遺跡」「白《しら》保《ほ》竿《さお》根《ね》田《た》原《ばる》洞穴遺跡」「山下町洞穴遺跡」などがあり、近年旧石器時代の人骨が続々と見つかっています。ちなみに現在のところ琉球列島以外の旧石器時代の人骨は静岡県の根《ね》堅《がた》遺跡のものだけ。港川人以外は、まだ次世代シークエンサを使った解析は行われていませんが、ゲノム情報を得ることができれば、琉球列島の人類史の解明に新たな展開をもたらすことができるはずです。

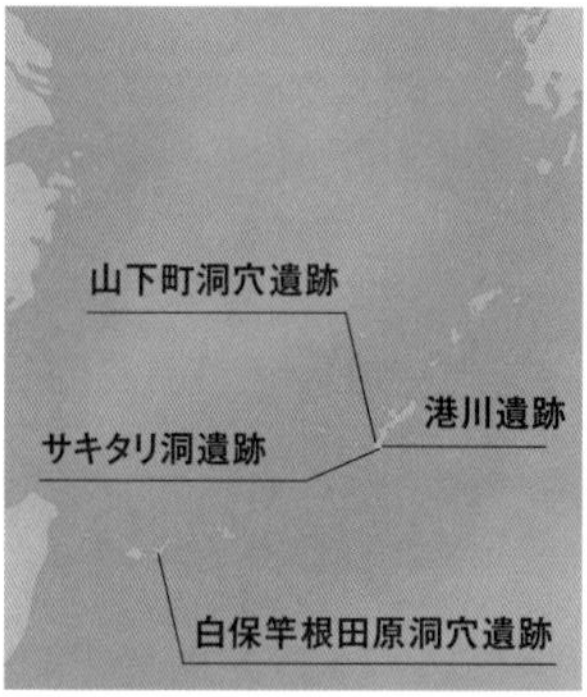

沖縄列島の先史時代の
主な遺跡と人骨

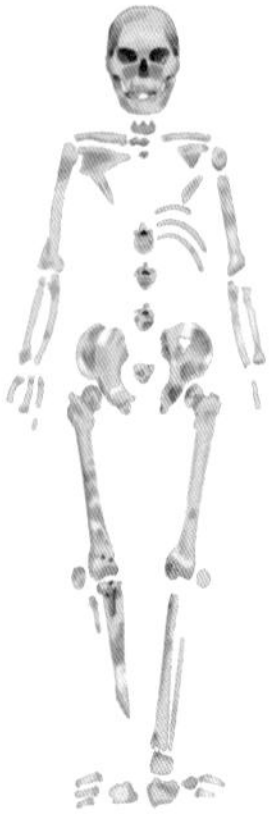

約2万年前の人骨「港川1号」

沖縄の旧石器人は滅んでしまった可能性も?

沖縄本島で発見された約2万年前の人骨「港川1号」は次世代シークエンサを用いたミトコンドリアDNAの解析も行われています。この人物は現代人につながらずに消滅した系統であると考えられています。実は、琉球列島集団の現代人を対象とした大規模なゲノム解析によって、沖縄の現代人の祖先は1万5000年前より昔にさかのぼらないという結論が導かれています。この結果は、港川人のミトコンドリア系統が現代人につながらないとする解釈と整合性があります。

UPDATE 02

縄文人の地域差が意味するものとは?

形態的には比較的均一だったと考えられている縄文人だが、ミトコンドリアDNAの系統では、明瞭な東西の地域差が認められている。旧石器時代の日本列島には、進入ルートが異なるさまざまな集団が入ってきたと考えられる。

さまざまな地域から入ってきた集団

縄文人のミトコンドリアDNAの代表的なハプログループ(P41)は、M7aとN9bです。西日本から琉球列島に多くなるM7aは、おそらく中国大陸の南部沿岸地域から西日本に進入したとされています。一方、東日本から北海道の地域で多数を占めるN9bは、九州にも特殊なN9b系統が存在。そのため、N9b系統の祖先は朝鮮半島から沿海州の広い地域に散在し、それぞれ北海道経由のルートと、朝鮮半島経由のルートで日本列島に到達したと考えられます。現代日本人に占めるそれぞれの割合は、M7aが約7.7%でN9bが約2.1%。この割合は、その後の弥生人との混合の状況に関連があると考えられます。

縄文人の主なミトコンドリア系統

西日本から琉球列島に多く、中国の南部沿岸地域から西日本に入り、東へ向かったと考えられる。

北海道から東日本に多く、朝鮮半島から沿海州に散在した集団から北海道経由で入ってきたと考えられる。

九州に見られる N9b の特殊な系統。おそらくN9b系の祖先のうち朝鮮半島経由で流入したと考えられる。

現代日本人と縄文人のミトコンドリアDNAハプログループ割合の比較

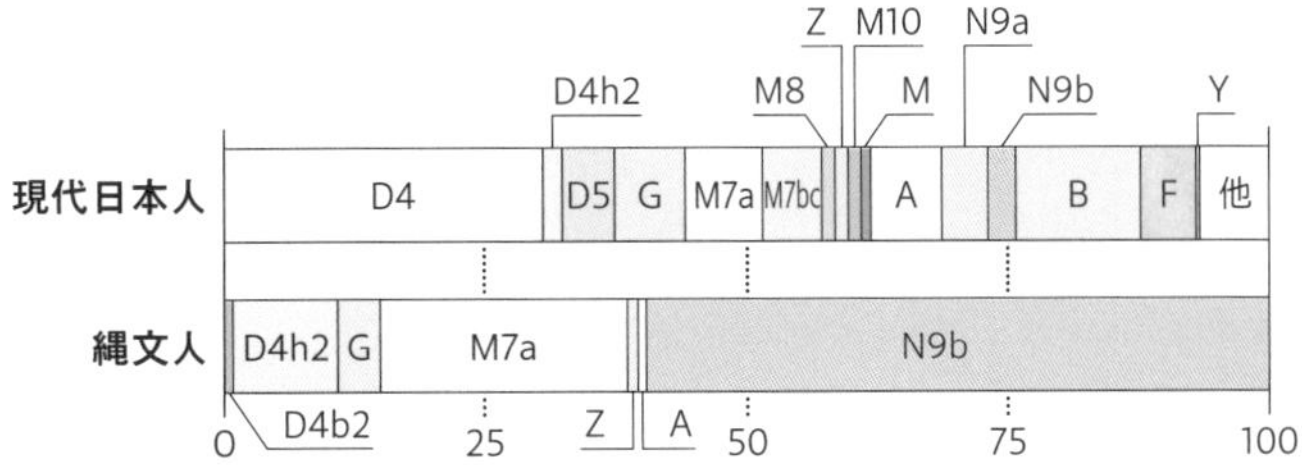

日本人のルーツ

03

縄文人は日本で生まれた!? 特異な「縄文人ゲノム」

多様な生活環境に適応し地域ごとに分化していった

約1万3000年の間続いたとされる縄文時代。縄文人のDNA解析によって、日本列島内には遺伝的に均一の集団が居住していたのではなく、私たちが想像する以上に集団の多様性に富んでいたことが明らかになりつつあります。

日本列島は、そもそも地域ごと

UPDATE 01

集団の多様性に富んだ縄文時代

前述したように、旧石器時代にさまざまな地域から日本列島に流入してきた集団は、列島内の多様な生活環境に適応するため、均一化ではなく、おそらく分化の方向に進んだ。地域ごとに独自の遺伝的特徴を獲得していったと考えられる。

UPDATE 02

現代の東アジア集団とは異なる縄文人のゲノム

縄文人のゲノムを、現代の日本人を含む東アジアの集団、弥生人と比較したSNP分析によると、縄文人は他の集団から大きく離れていることが判明。縄文人は大陸集団から早くに分岐し、独自に遺伝的特徴を獲得していったと考えられる。

の生活環境が大きく異なり、地域間の人的交流も広範囲ではなかったと推察されます。そのため、縄文時代の狩猟採集民集団は均一化ではなく、地域による分化の方向に進んだと考えられます。

2016年には、縄文人の核ゲノム解析も行われ、耳垢《みみあか》や毛髪といった身体的特徴、婚姻のネットワークなど、より詳細が明らかになりました。

また、縄文人のゲノムは、東アジアの他の集団と大きく離れており、大陸集団から早くに分岐し、日本列島内で独自の遺伝的特徴を獲得していったと考えられます。

UPDATE 01

集団の多様性に富んだ縄文時代

縄文人というのは、縄文時代に日本列島に居住していた人々の学問上の定義に過ぎない。多様な生活環境に適応して地域ごとに分化した集団であり、そのような集団をひとまとめに考察すること自体に問題があることを意識する必要がある。

1万年以上続いた縄文時代

1万3000年も続いたとされる縄文時代ですが、縄文人は旧石器時代にさまざまな地域から日本列島に流入してきた集団です。彼らは日本列島内の地域で異なる自然環境などに適応しながら、独自の遺伝的特徴を獲得したものと考えられます。つまり、縄文人は私たちが想像する以上に多様性に富んだ集団であったと推察されます。生活環境の大きな違いによって隔絶されるなどし、人的な交流が狭い範囲で行われる中で地域ごとに分化が進んだものと考えられます。

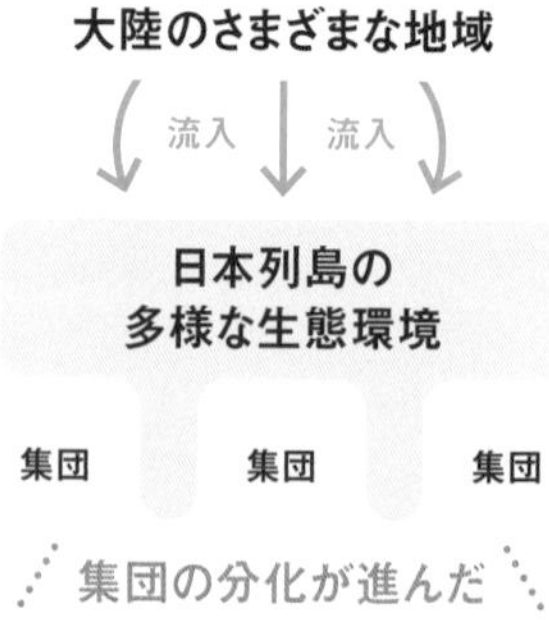

北海道・船泊遺跡の縄文人女性の特徴

縄文人の核ゲノム解析で詳細な特徴が!

北海道礼文《れぶん》島の船泊《ふなどまり》遺跡から出土した縄文人女性のゲノムが現代人と同じレベルの精度で解析されました。彼女の血液型はA型で、婚姻のネットワークは小規模ながら三親等以内の近親婚は避けられていることが判明。遺跡の出土品から広い地域との交流があったと考えられていますが、婚姻圏は狭かったことがわかりました。また、耳垢が湿式で、毛髪は巻き毛、北極圏のエスキモーなどと同様の脂質の代謝に関する遺伝子を持つことなど、詳細な特徴が明らかになりました。

UPDATE 02 現代の東アジア集団とは異なる縄文人のゲノム

下の図は、現代の日本人を含む東アジア集団と、縄文人、弥生人のSNPデータから遺伝的特徴の関係を図式化したもの。縄文人は、他の集団から大きく離れており、日本列島内で早くに独立し、独自の遺伝的特徴を持っていたことがわかる。

ゲノムから見た東アジア集団の遺伝的特徴

下の図を見ると、現代日本人は大陸集団から離れた位置にあり、北京の中国人、韓国人を結んだ延長線上のはるか離れた位置に縄文人がいます。現代日本人がこの位置にいるのは、流入した北東アジアの集団と在来の縄文人が混合したためだと考えると説明がつきます。また、他の分析では、台湾や韓国、沿海州の先住民にもある程度の縄文人との類縁性が確認されています。このことは、東南アジアから北上し、沿岸地域に住んでいた集団が縄文人の母体になり、さらに沿岸の広い地域からの流入者と地域的に混ざり合うことで縄文人が形成されていったことを示しています。

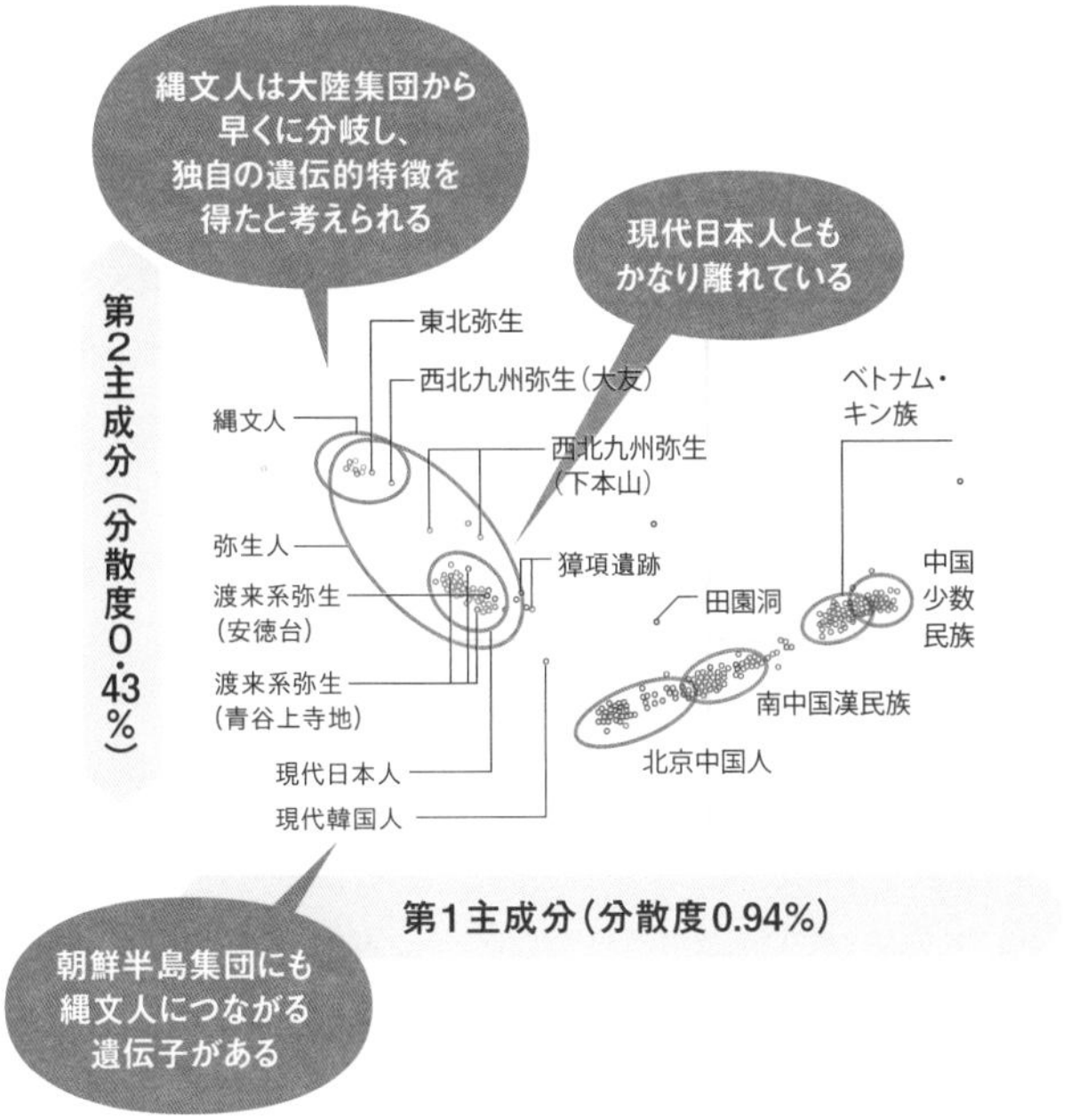

04

現代日本人につながる「弥生時代」の日本

現代日本人の形成に大きな影響を与えた渡来人

弥生時代の開始時期は、北部九州で稲作が始まった約3000年前とされていますが、全国で同時期に移行したわけではありません。

弥生時代を定義するものとして、「弥生式土器」「水田稲作」「金属器の使用」という3つの要素を持つ社会であるという条件が挙げられ

UPDATE 01 渡来人の源郷

弥生時代の定義のひとつである稲作農耕をもたらした渡来人。そのルーツは西遼河流域に住んでいた新石器時代の雑穀農耕民だと考えられる。

UPDATE 02 私たちのゲノムの90%は弥生時代以降にもたらされた

現代日本人に占める縄文人由来の遺伝的な要素を計算すると、本土日本人で10%程度。約90%は弥生時代以降にもたらされた。

UPDATE 03 日本列島の混合の歴史

ゲノム分析の結果、西遼河の雑穀農耕民と朝鮮半島の古代人、渡来系弥生人との遺伝的な連続性が指摘されている。

UPDATE 04 古墳時代の社会

現代日本人の縄文人由来のゲノムが少ない理由として、古墳時代にも大陸からの多くの渡来があったと考えられる。

ます。特に重要なのは農耕と金属器なのですが、このふたつは同時期に同じ集団によって発明されたものではありません。稲作農耕は長江中流域で始まり、そこから拡散していきました。一方、日本に入る青銅器の源流は北東アジアにあるとされています。つまり、このふたつの要素はそれぞれ異なる集団に起源を持つ可能性があるのです。

現代日本人はミトコンドリアDNAの多様なハプログループ（P123）を持っていますが、これらは弥生時代以降に入ってきたもの。現代日本人の形成に渡来した人々が大きな影響を与えたことがわかります。

UPDATE 01

渡来人の源郷

弥生時代の社会において、特に重要なのが稲作農耕。朝鮮半島から渡来した集団によってもたらされたとされるが、実はその渡来人たちのルーツは、中国東北部の西遼河流域にいた新石器時代の雑穀農耕民と考えられている。

弥生式土器、稲作、金属器の使用で定義

弥生時代は、稲作の開始によって定義されるため、全国同時期に縄文時代から弥生時代へ移行したわけではありません。現在では北部九州で稲作が開始された約3000年前とされています。縄文時代にはある種の農耕が始まっていた一方で金属器の使用はなかったため、金属器のほうが明確に定義する特徴になりそうですが、弥生時代の定義として挙げられるのは「弥生式土器」「水田稲作」「金属器の使用」という3つの要素を持つ社会であると理解されています。

弥生時代の定義

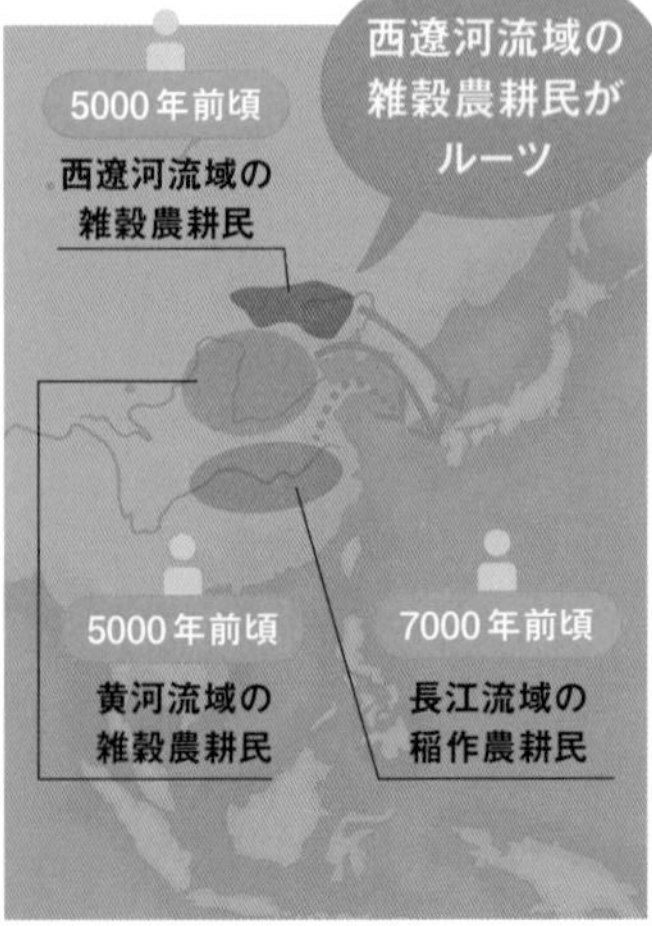

渡来人のルーツは西遼河流域の雑穀農耕民

弥生時代を特徴づける重要な要素である稲作ですが、もともとの起源地は長江中流域で、そこから拡散していきました。しかし、ゲノム分析によると渡来人のルーツはおそらく西遼河の雑穀農耕民。彼らが朝鮮半島に流入し、さらに稲作農耕民の一部も朝鮮半島で合流したと考えられます。そこで在来の縄文系の遺伝子を持つ集団と混合し、新たな地域集団が形成され、その中から生まれた渡来系弥生人が、日本列島に到達した可能性が考えられます。

UPDATE 02

私たちのゲノムの90%は弥生時代以降にもたらされた

現代日本人はミトコンドリアDNAの多様なハプログループを持ち、本土日本人における縄文人由来の遺伝的要素は10%ほどしかない。ほとんどは弥生時代以降にもたらされたものであり、現代日本人の形成には、渡来した人々のゲノムが大きな影響を与えている。

混血の度合いは地域や時期によって変化

本土日本人に関しては渡来した人々の影響が大きく、ルーツを考えるのであれば、主に朝鮮半島に起源を持つ集団が渡来することによって成立したと考えられます。しかし、日本各地では縄文時代と同じ生活様式を保ったままの集団もいました。弥生時代には、大陸から稲作を持って渡来した人々、在来の縄文人の系統を引く人々、そして両者の混血の集団がいたはず。その混血の度合いは地域や時期とともに変化していったことが予想されます。下の図のように九州では3つの弥生人に区別していましたが、ゲノム解析によってもう少し複雑な図式が明らかになりました。

弥生時代の九州地方の遺跡

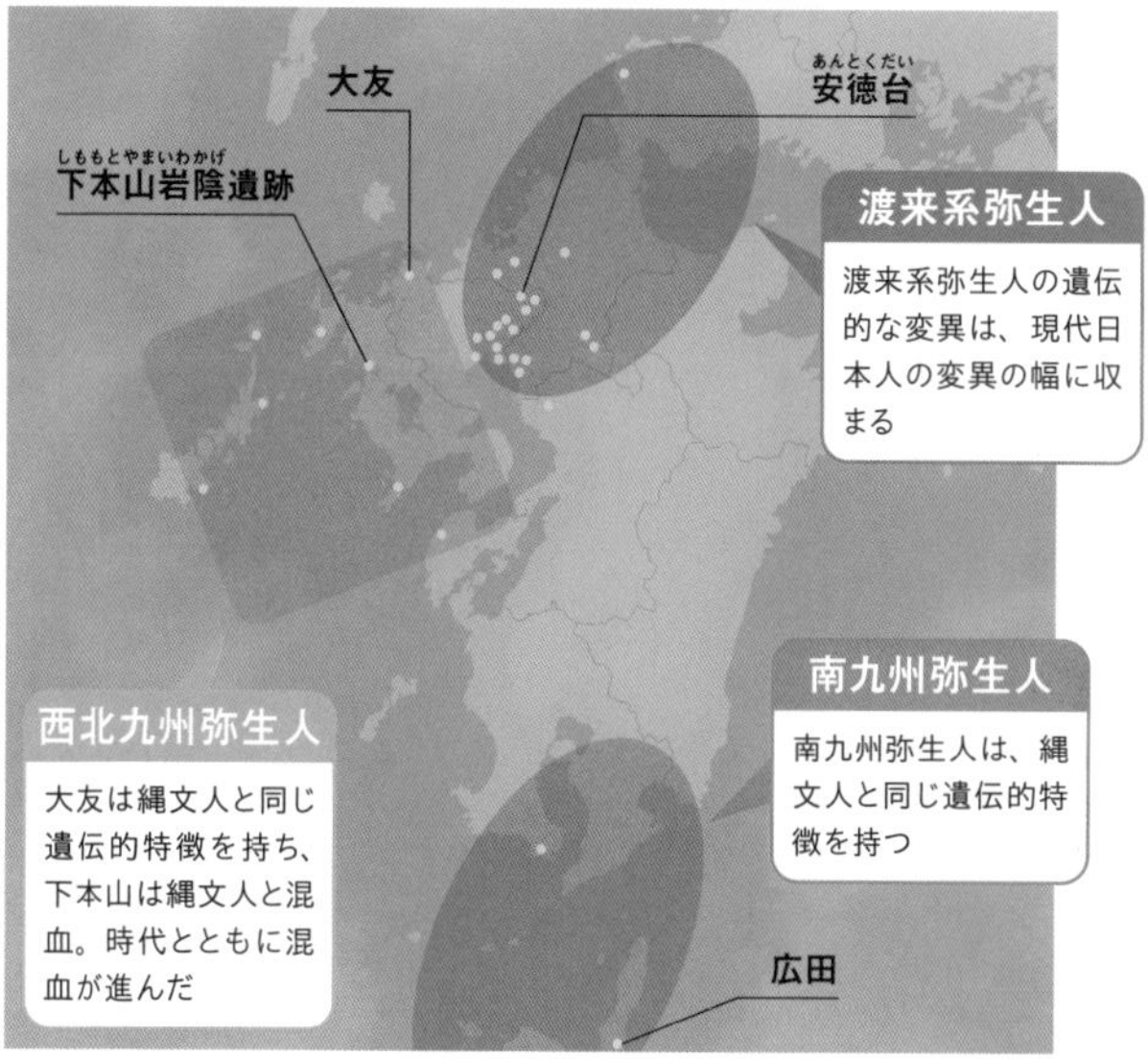
大友
安徳台《あんとくだい》
下本山岩陰《しももとやまいわかげ》遺跡
渡来系弥生人
渡来系弥生人の遺伝的な変異は、現代日本人の変異の幅に収まる
南九州弥生人
南九州弥生人は、縄文人と同じ遺伝的特徴を持つ
西北九州弥生人
大友は縄文人と同じ遺伝的特徴を持ち、下本山は縄文人と混血。時代とともに混血が進んだ
広田

UPDATE 03

日本列島の混合の歴史

渡来系弥生人が、単純に現代の韓国人や中国人に近いものだと決めつけてよいものなのか、再考すべきだとする意見もある。福岡の渡来系弥生人や、韓国の釜山の遺跡から出土した約6000年前の人骨は縄文の遺伝的要素も持っている。

渡来系弥生人は縄文的要素を持っていた

福岡県の安徳台遺跡から出土した渡来系の女性人骨。研究当初は朝鮮半島や中国の現代人に似たものになると予想されましたが、実際の特徴は現代人の範疇に収まるもので、むしろ縄文人にやや近い結果に(P127)。また、韓国の釜山の獐項《しょうこう》遺跡から出土した約6000年前の人骨は、現代の韓国人より多くの縄文的な遺伝的要素を持っていたことが判明しました。国境などなかった時代。朝鮮半島南部と九州北部の縄文人集団を区別すること自体に意味がないのかもしれません。

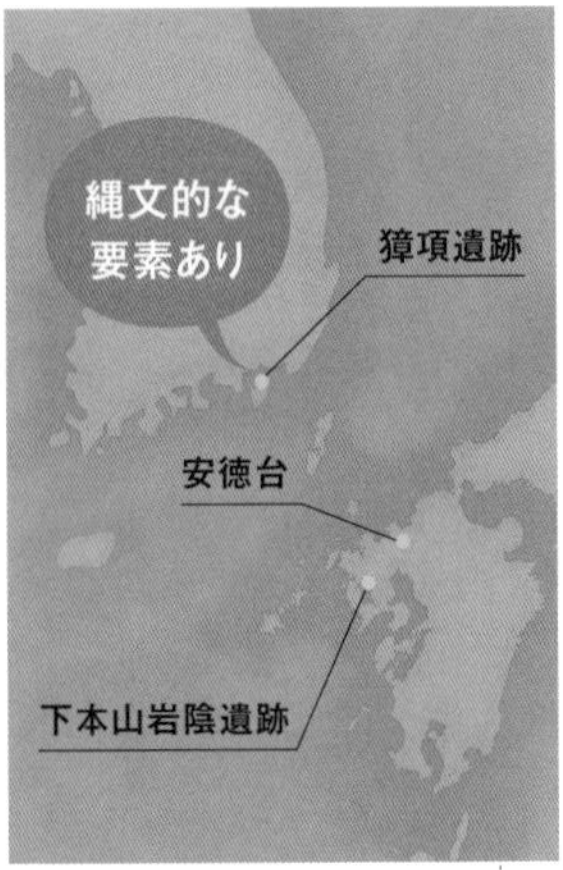

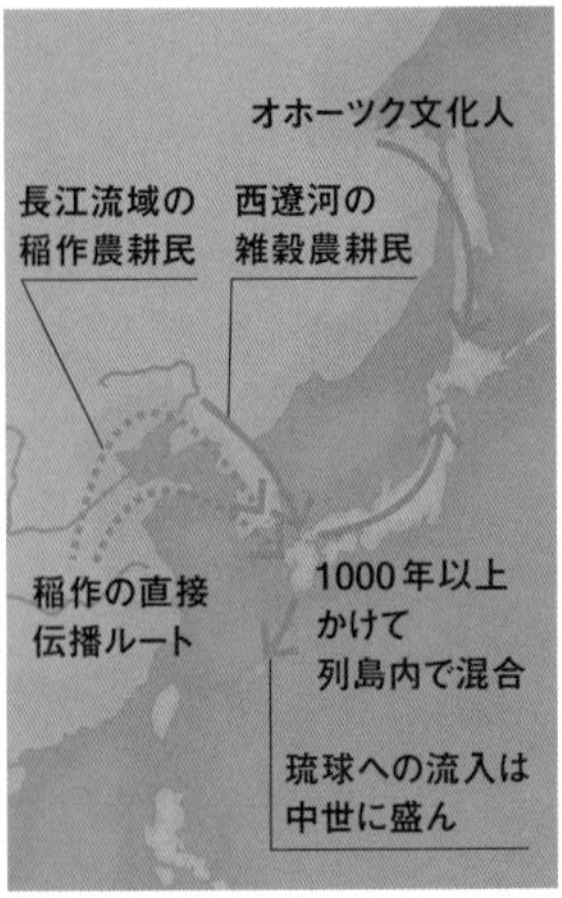

弥生時代以降の日本列島への集団の流入

渡来人のルーツとなるのは、西遼河の雑穀農耕民です。彼らが朝鮮半島に流入する一方、長江流域の稲作農耕民も朝鮮半島へ。この地域のゲノム解析ができていないので完全なシナリオではありませんが、おそらくこのふたつの集団が朝鮮半島で合流し、そこで在来の縄文系集団と混合して新たな地域集団に。彼らの一部が日本列島に渡来したと考えられます。また、弥生以降も渡来人の流入が続き、東進しながら列島内での混合が進んだと考えられています。

UPDATE 04

古墳時代の社会

弥生時代以降、渡来系の農耕集団は、在来の縄文系集団の遺伝子を取り込みながら東進。このシナリオ通りなら現代日本人はもっと縄文寄りになっていたはずだが、そうならないのは、渡来人の流入がそれ以降の時代も続いていたためだと考えられる。

弥生時代以降も集団の流入は続いていた!

渡来系の農耕集団は、在来の縄文系集団を巻き込む形で東進を開始し、東北まで到達しました。渡来系農耕民の人口は在来集団を大きく上回っており、両者の混合は在来集団の吸収に近い形で行われたと考えられます。ただし、縄文系の遺伝子を取り込んでいったなら、主成分分析の図上で現代日本人はもっと縄文寄りになっていたはずです。しかし、そうならないのは、弥生中期以降も大陸から多くの人々の渡来があったと想定しないことには、説明できません。

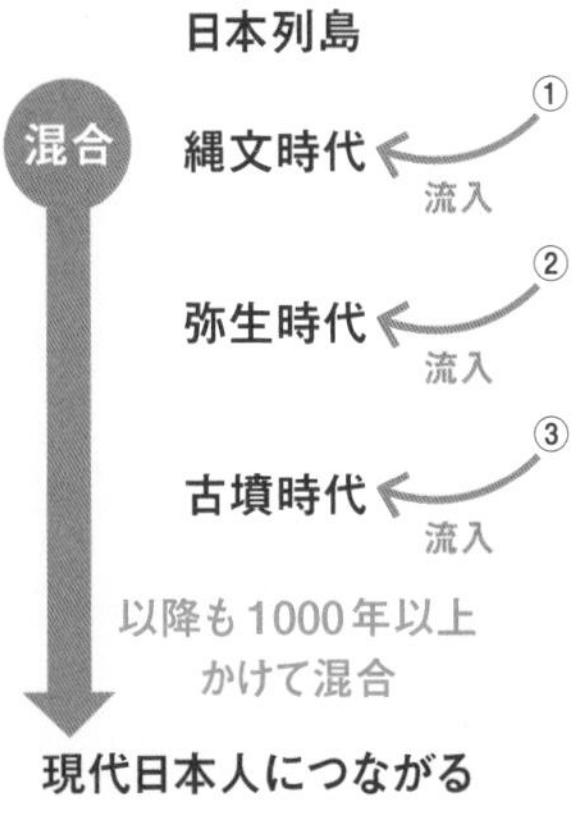

ゲノムでわかる古墳時代の社会構造

最初にさまざまな地域から入ってきた旧石器人が日本列島内で地域ごとに分化し、縄文系集団を形成します。その後、弥生時代に稲作や金属器を持ち込んだ渡来人が流入。彼らは列島内を東進し、縄文系遺伝子を吸収します。さらに、弥生時代以降も大陸からの流入は続き、おそらくその中に国や戦争という概念を持った集団も。彼らが古代国家を成立させたものと考えられます。古墳時代になっても渡来人の流入は続き、長い年月をかけて混合しながら現代日本人が形成されていったのでしょう。

日本人のルーツ

05

アイヌの成立史

北東アジアからも流入 北海道集団の成立

本土日本とは、異なる歴史や文化を持つ北海道に最初にホモ・サピエンスがやってきたのは3万〜2万5000年前の旧石器時代。北海道の縄文人のゲノムを解析すると、ロシア極東地域の先住民と共通するハプログループも見つかっており、おそらく北東アジアから地続きの樺

UPDATE 01

北海道の集団の成立

北海道には稲作が入らなかったこともあり、本土日本とは異なる歴史を経てきた。寒冷な環境もあり、DNA分析に適したまとまった数の縄文以降の人骨が出土しており、地域集団の変遷をゲノムによってある程度追えている。

太経由で南下してきた人もいたと考えられます。

稲作が入らなかったため、縄文時代の次に続縄文時代が続き、擦文《さつもん》時代を経て13世紀にアイヌ文化が成立したとされています。

その間、5～10世紀頃に道東・道北のオホーツク海沿岸には、沿海州に起源を持つとされる「オホーツク文化」が栄えました。二重構造モデルでは、アイヌ人はオホーツク文化人から影響を受けていないとされてきましたが、近年の研究で、オホーツク文化人の遺伝的影響もあることが判明しました。

UPDATE 02

二重構造モデルでは捉えきれないアイヌの成立史

二重構造モデルではオホーツク文化人はアイヌの人々と無関係とされてきたが、ミトコンドリアDNAの分析により、アイヌ人は北海道縄文人をベースにオホーツク文化人の遺伝子を受け取ることで成立したと考えられるように。

UPDATE 01

北海道の集団の成立

北東アジアにもルーツを持つ北海道の縄文人。ミトコンドリアDNAの多様性が少なく、長期にわたって孤立していた可能性が示唆されている。アイヌの人々は5～10世紀に栄えた「オホーツク文化人」の遺伝的影響も受けている。

縄文人をベースに「オホーツク文化人」との混合

3万～2万5000年前に北東アジア起源の旧石器人などが北海道に流入。北海道縄文人は、ミトコンドリアDNAの多様性の少なさから、地域的に孤立した期間が長いとされます。また、5～10世紀に道東・道北のオホーツク海沿岸で栄えた「オホーツク文化」の集団が、アイヌの人々の遺伝的特徴に影響していることがわかりました。彼らは二重構造モデルでは無視されていましたが、北海道縄文人をベースに、オホーツク文化人との混合でアイヌ集団が成立したと考えられます。

5～10世紀に栄えた「オホーツク文化」

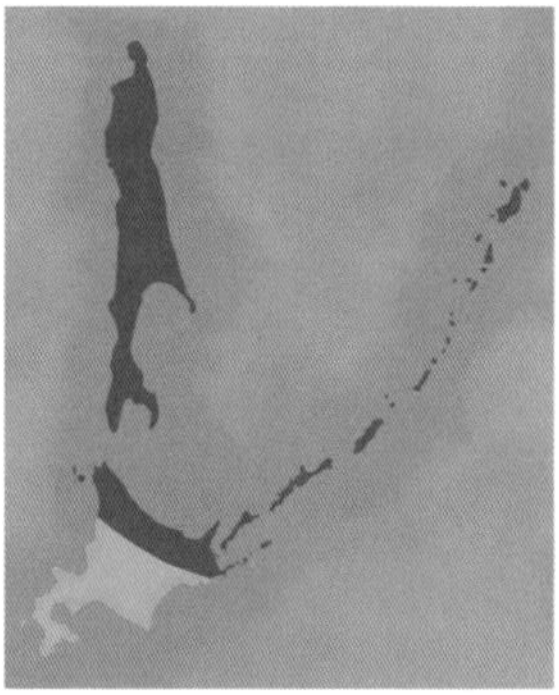

北海道の文化の変遷

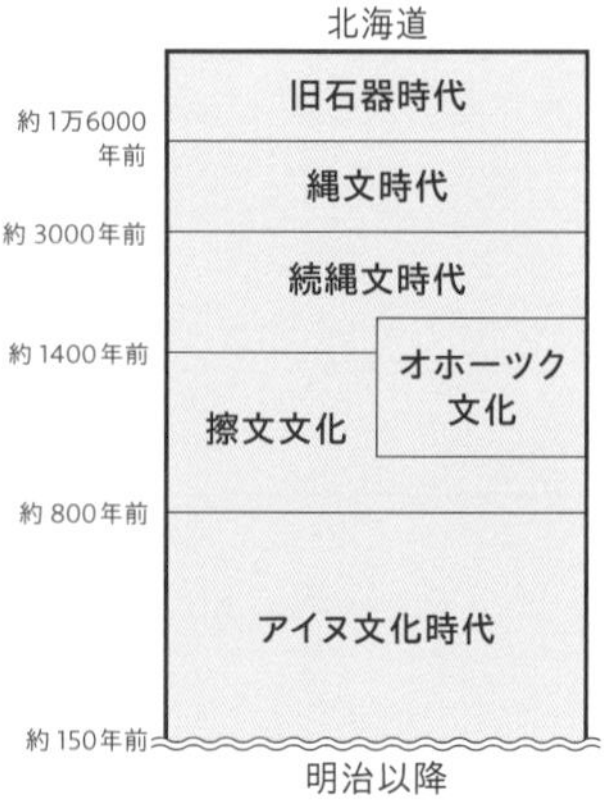

稲作が入ってこず13世紀にアイヌ文化が成立

北海道には、弥生系の農耕民から稲作が伝わらなかったため、独自の文化変遷を経ています。北海道縄文人のミトコンドリアDNAの系統や使用している「細石刃《さいせきじん》」という石器などから、北東アジアにルーツを持つ旧石器人も北海道に流入したとされます。約3000年前から続縄文時代、その次に擦文時代と続きますが、この間の5～10世紀にオホーツク文化が栄えます。その後13世紀になってアイヌ文化が成立し、そこから明治時代以降、そして現代へとつながっていきます。

UPDATE 02

二重構造モデルでは捉えきれないアイヌの成立史

現代のアイヌの人たちは、縄文人由来のゲノムを約70％も保有。しかし、彼らは単に北海道縄文人の末裔ではなく、大陸の北方系先住民や渡来系弥生人（本土日本人）のゲノムも継承しており、北海道を中心に据えた集団成立のシナリオをつくる必要がある。

縄文人ゲノムを7割受け継ぐアイヌ成立の独自のシナリオ

下の図は、北海道礼文島の船泊遺跡の縄文人の人骨と、アイヌ集団を含めた東アジアの現代人集団のSNPデータをもとにした主成分分析の結果。アイヌ集団は、本土日本人と船泊遺跡の縄文人を結ぶ線よりもやや左にずれています。図の横軸は大陸の現代人の南北方向の違いを示す成分であり、左に行くほど北東アジアの集団が持つ成分が大きくなることを表しています。この結果は、北海道縄文人や本土日本人との混合だけでなく、沿海州集団であるオホーツク文化人がアイヌ集団の形成に深く関与しているという可能性を裏づけるものと考えられます。

東アジアの現代人集団の主成分分析

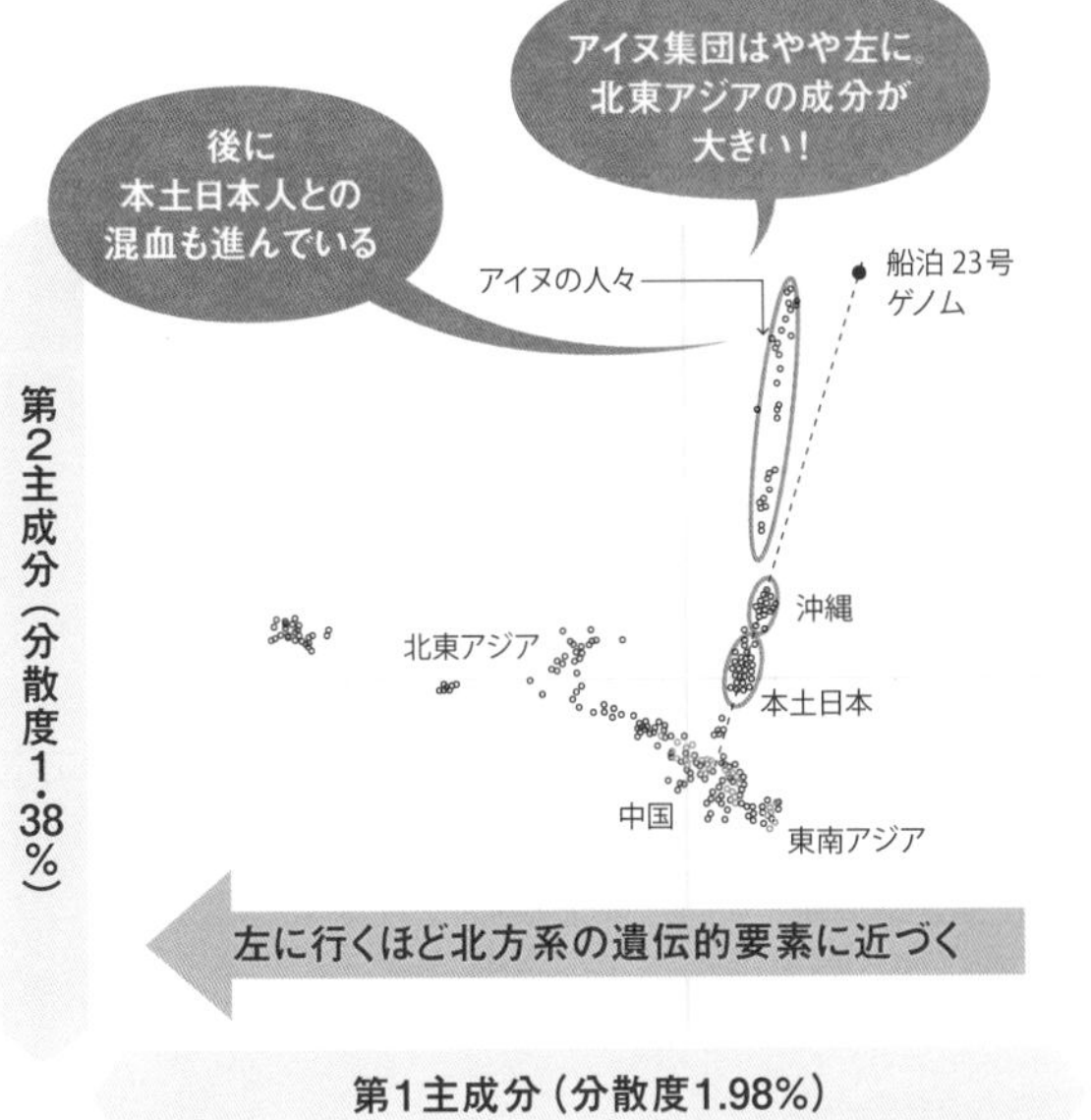

※Kanazawa et al. 2019より引用

日本人のルーツ

06

琉球列島集団の成立史

九州縄文人の流入が集団の成立に影響

琉球列島は、姿形のわかる旧石器人骨が出土している唯一の地域なのですが、次世代シークエンサを用いた分析は、前述した港川1号（P122）のミトコンドリアDNAしか行われていません。そのため、「最初の琉球人」のゲノムによる起源地の特定には至っておらず、系統は不明の

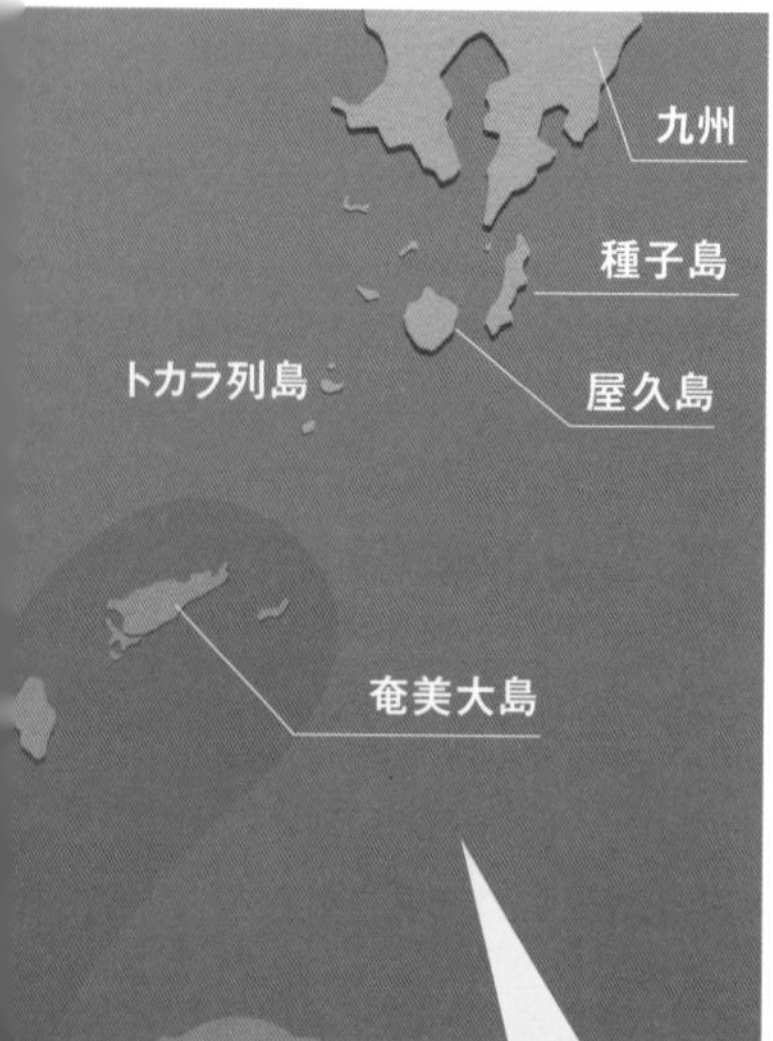

UPDATE 01

琉球列島集団の成立

港川1号など琉球列島の旧石器人は現代につながらずに消滅し、その後九州から流入した縄文人がベースになった可能性が高い。12世紀前後に始まるグスク時代（開始時期は明確ではない）に農耕社会へと転換し、急激に人口が増えたことがわかっている。

ままです。また、本土日本の縄文時代に相当する「貝塚時代前期」以降の人骨の出土例はあまり多くなく、人骨の形態もDNA研究もそれほど進んでいないのが実情です。

貝塚時代前期の琉球列島は、沖縄本島と先島《さきしま》地方では文化が異なっており、先島の文化は台湾やフィリピンとの共通性が指摘されています。しかし、沖縄本島も先島地方もその頃のミトコンドリアDNAの系統は、九州縄文人と共通しているものでした。ゲノムデータによると、縄文時代以降の琉球列島へのヒトの移動は、本土日本、特に九州からの流入だったと考えられるのです。

UPDATE 02

ゲノムデータが示す琉球成立のシナリオ

琉球列島の現代人は、縄文人由来のゲノムを約30%持っている。本土日本人より割合が高いのは、農耕が九州より2000年遅れて伝わったこと、弥生時代（貝塚時代後期）以降に琉球列島に到達した集団の影響が本土より小さかったことなどが考えられる。

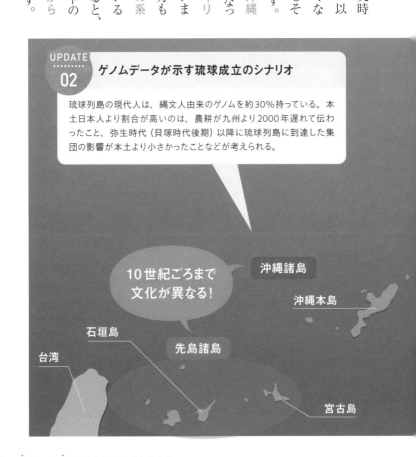

UPDATE 01 琉球列島集団の成立

琉球列島は本土日本とは異なる文化・歴史を経てきた地域で、集団の成立過程も別に考える必要がある。また、グスク時代が始まるまで、沖縄本島と先島地方では文化が異なっており、この時代以降に農耕社会に転換したとされる。

縄文時代以降の人骨の出土が少ない

日本最古の人骨は沖縄で見つかっており、「山下町洞人」と呼ばれるその人骨は約3万7000年前のものとされています。しかし、約2万年前の港川1号のDNA分析によると、現代人につながらずに消滅した可能性が高いとされています。また、本土日本での縄文時代に相当する貝塚時代前期から、弥生～平安時代に当たる貝塚時代後期、中世に相当するグスク時代までの人骨の出土はあまり多くなく、ゲノム分析もそれほど進んでいないのが実情です。

琉球列島の文化系統

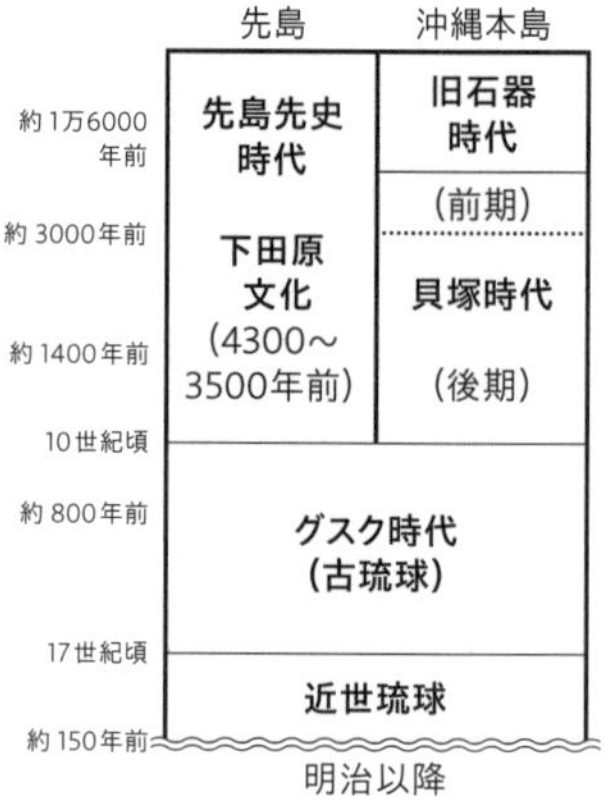

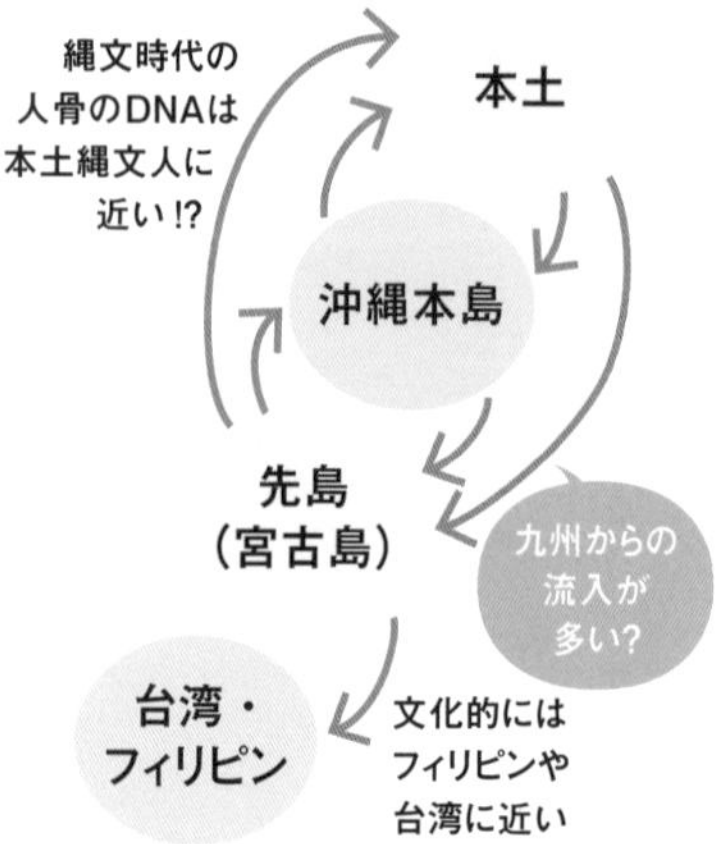

九州から集団が流入するケースが多かった?

貝塚時代前期の人骨は、本土の縄文人と形態が異なっているという指摘があるものの、ミトコンドリアDNAの系統は九州縄文人のものと共通しています。また、この時期の先島地方は、沖縄本島と文化的に異なっていました。フィリピンや台湾の影響が強いとされ、DNAもその系統に属すると予測されましたが、意外なことに縄文人の系統のものでした。このことから、琉球列島の集団の成立には九州からの流入が大きく影響していることが考えられます。

UPDATE 02

ゲノムデータが示す琉球成立のシナリオ

琉球列島の現代人は、縄文人由来のゲノムを約30%保有。このことは、7300年前（縄文時代）の大噴火による九州との隔絶、グスク時代以降の農耕民の大規模な流入など、本土日本とは異なるシナリオが、現代の琉球列島集団の形成に影響していると考えられる。

縄文以降の本土からの移住と巨大噴火による隔絶

琉球列島における旧石器時代の人骨との関係は不明ですが、縄文時代以降は日本列島からの集団の移住があったと考えられます。ところが、約7300年前に鬼界カルデラをつくった巨大噴火「鬼界アカホヤ噴火」によって、九州との連絡が絶たれ、この時期の隔絶によって独自の集団として成立したと考えられます。琉球縄文人は、先島にも進出したと考えられますが、台湾やフィリピンとの交流については現時点でのゲノム情報からは追求できていません。

7300年前の鬼界アカホヤ噴火で九州との連絡が絶たれる

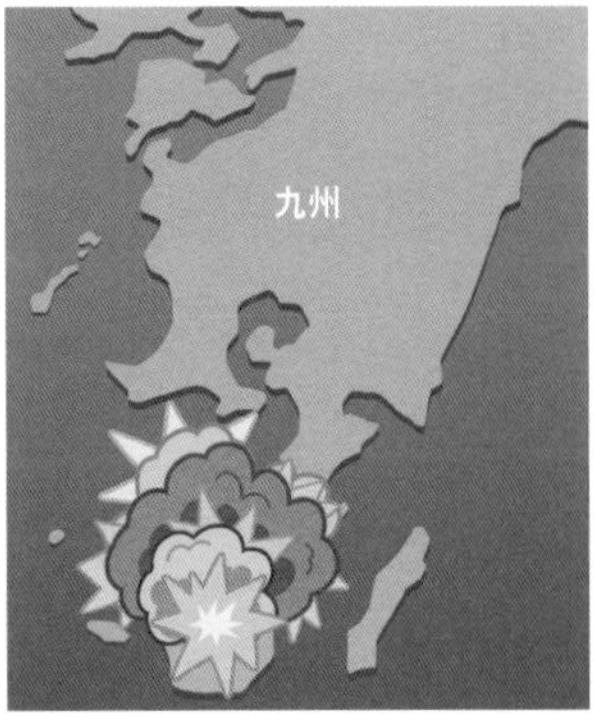

グスク時代以降に農耕民の流入で人口増加

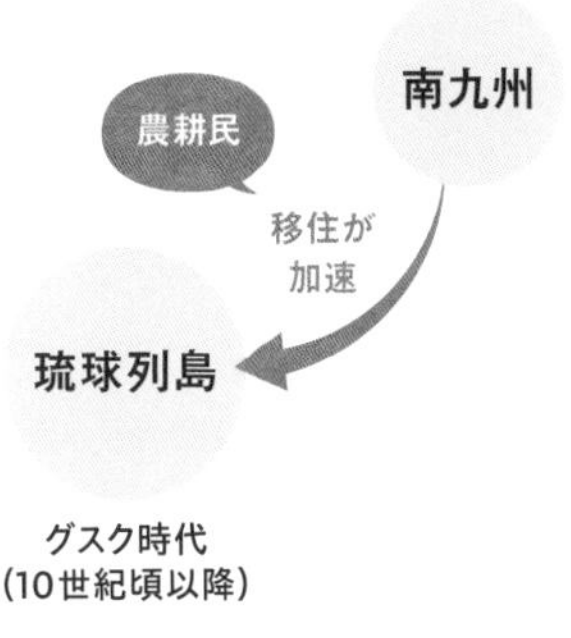

貝塚時代後期（弥生～平安後期）以降、徐々に本土日本の遺伝的な影響を受けるようになった後、グスク時代の開始期に南九州の農耕民による大規模な流入があったことが、ゲノム研究から予想されています。そこで人口が急激に増加し、混合の規模が加速して現代に至るというのが、ゲノムデータが示す琉球列島集団成立の大まかな流れです。また近年、沖縄の現代人集団のゲノムは、島ごとに分化しており、地域で異なる遺伝的な構成になっていることも明らかになっています。

Column 4

倭《わ》国《こく》大乱を示す人骨

鳥取市にある「青《あお》谷《や》上《かみ》寺《じ》地《ち》遺跡」では、1998 年から 3 年間の発掘調査で、5300 点におよぶ人骨片が出土。形態学的な研究によって 100 体以上の人骨があることがわかっています。出土した人骨のうち 32 個体のミトコンドリア DNA が次世代シークエンサを用いて分析され、単一の遺跡から出土した人骨の分析例としては日本で最大規模のものです。

この分析で、約9割の人々の間には母系の血縁が認められないことがわかりました。さらに、13 サンプルについて核ゲノム解析が行われ、現代日本人の範疇の中で、縄文的な遺伝子を多く持つものや、大陸の要素が強いものまでさまざまな特徴が散在する形になりました。

ヒトの流入が少なく、長く維持された村落では同族婚が増え、互いのゲノムは似たものになっていきます。しかし、青谷上寺地遺跡の人骨のほとんどは血縁関係がありませんでした。このことから、青谷は古代の一般的な村落ではなく、多くの人々が流入や離散を繰り返す古代都市であった可能性が考えられます。

また、この出土人骨群には多数の創傷《そうしょう》があり、戦闘などによる損傷も認められます（出土骨は戦闘被害者だけではない）。彼らが亡くなったのは 2 世紀の後半であり、魏《ぎ》志《し》倭《わ》人《じん》伝《でん》など複数の史書に記された「倭国大乱」の時期に相当します。当時の混乱の状況を示す証拠のひとつといえるでしょう。

その後、この遺跡では 2023 年に新たな発掘が行われました。さらに多くの人骨が出土しており、現在 DNA 解析が進められています。

第5章

人類の未来

01

私たちの歴史はホモ・サピエンスという「ひとつの種」の歴史である

文化の違いは選択の結果
遺伝的に均一な集団である

私たち人類が何者であるかを考えるには、どこから来たのか、どのようにできたのかを知る必要があります。そして、自分が何者であるかを知ることは、未来のあり方を考える土台ともなります。

19世紀にネアンデルタール人やジャワ原人の化石が見つかって以来、１００年以上にわたる研究で、人類進化の道筋が明らかになってきました。特に古代ゲノム解析の進歩は、化石では知ることのできなかったホモ・サピエンス誕生の状況や、世界に広がる人類集団の由来について、驚くべき事実を明らかにしています。現在では、古代ゲノムの解析は、人類の起源を考える最も強力なツールとなっているのです。今後、ゲノム解析は学問の世界だけでなく、社会にも大きな影響を与えていくことは間違いないでしょう。

繰り返しになりますが、現在使われている歴史の教科書では、アフリカでの人類の誕生の後に、かつて「四大文明」と称された古代文明の発展が語られます。そこに至るまでの人類の道のりについては記載がありません。中南米の歴史に至っては、ヨーロッパ人の世界進出の先の出来事として語られるばかりで、通史として捉えられることも滅多にないのです。

こうした教科書的記述に欠けているのは、「世界中に展開したホモ・サピエンスは、遺伝的にはほとんど同一といってもいいほど均一な集団である」という視点や、「すべての文化は同じ起源から生まれたのであり、文明の姿の違いは、環境の違いや歴史的な経緯、そして人々の選択の結果である」という認識です。

そうした基本的な認識なしに多様な社会を理解することはできません。古代ゲノム研究は、通史として世界中の集団の歴史を明らかにでき、学問上の新たな解釈を提示するだけでなく、私たちの歴史や文明に対する認識を変えてくれるものになるでしょう。

ホモ・サピエンスは遺伝的にほぼ均一な集団である

02

「純血」という名の幻想

人種という区分は客観的な基準のない恣意的なもの

19世紀前半に、ヨーロッパ人が認識する世界は地球規模に広がり、そこから「人種」という概念が生まれました。しかし、20世紀後半の遺伝学の進展によって、ホモ・サピエンスは生物学的にひとつの種であり、集団による違いは認められるものの、全体としては連続しており、区分することができないということが明確になったのです。

そもそも種の定義として「自由に交配し、生殖能力のある子孫を残す集団」という考え方がありますが、これにしたがえば、人類学者が別種と考えるネアンデルタール人やデニソワ人も同じ種の生物として考えなければならないほど、違いはわずかです。

次頁の図は、世界各地の現代人集団のSNP解析です。左の図を見ると東アジア、ヨーロッパ、アフリカの集団は明瞭に分離しているように見え、遺伝的に区別しうる実体を持っているかのように考えられます。しかし、右の図のようにさまざまな地域集団を加えていくと、区別のない連続した集団となり、境界がないことがわかります。人種区分は科学的・

世界各地の現代人集団のSNP解析

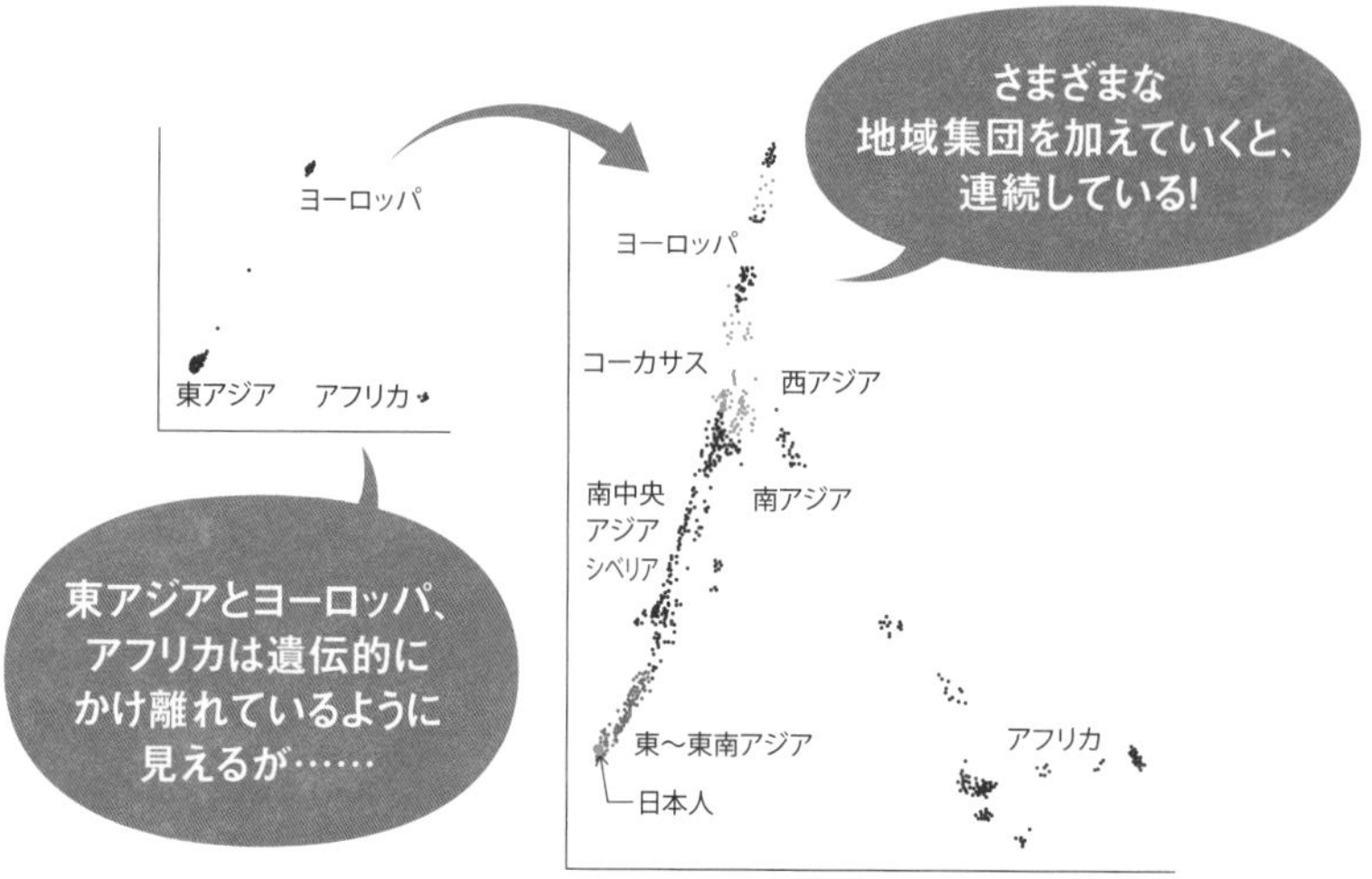

客観的なものではなく、人為的に基準を設けないと区分できない恣意的なものだということを知っておく必要があります。

また、現実の世界では、言語や宗教などの文化の違いによる「民族」と呼ばれる集団も存在します。しかし、古代ゲノム解析によって、すべての集団は離合集散を繰り返しながら、その遺伝的な性格を変化させて存続していることが明らかになっています。少なくとも「純粋な民族」という概念が、他集団と混合せずに存続している集団だとするなら、人類史のスケールでは短期間である数千年レベルでしか存在しないことが明らかになっています。グローバリゼーションが進む現代においては、民族という概念と遺伝子の共通性で括られる集団の齟齬《そご》は、ますます大きくなっていくことでしょう。

03

人類の歴史から見た共通性と多様性

遺伝的な違いと私たちの価値観

ホモ・サピエンスのゲノムは、**99・9％は共通で、違いは0・1％**しかありません。ゲノム研究が進んでいくと、このわずかな違いに重きを置き、ヒトの優劣をＤＮＡの配列の違いにまで還元する考え方が生まれます。

ホモ・サピエンスが世界に展開する中で、ネアンデルタール人やデニソワ人から環境に適応するのに有利な遺伝子を受け継いでいることもわかっています。ある環境下では有利に働く、あるいは不利になる遺伝子の違いがあることは事実です。特定の集団だけに有利な遺伝子が共有されていることが判明する可能性もあります。それが集団に優劣があるという考えの根拠にされてしまうかもしれません。しかし、**集団の持つ遺伝子の構成は、時間とともに大きく変化していくので、長いスパンで見れば、特定の遺伝子の有無を集団の優劣に結びつけることには意味がありません。**

人としての価値を0・1％のゲノムの違いに重きを置く考え方は、世間一般でいう「能力主義」の立場につながっていきます。また、99・9%の共通性のほうを重視すれば「人間は平等である」という「平等主義」の考え方にたどり着きます。これらの考え方は、それぞれに意味があり、どちらが正しいと判断することはできません。

遺伝子の流れを糸にたとえると、それぞれの個人はホモ・サピエンスという巨大なネットを構成する結び目のひとつと考えることができます。その結び目がそれぞれカラフルな光を放っていると想像してみてください。明るい暖色系の光も、地味で目立たない寒色系の光もあるでしょうが、**「全体を構成する要素」**という意味で重要なのは、この色ではなく、**「結び目があること」**自体だと考えることもできます。

ネットを構成する上では**個人が等しい価値**を持っている、多様性が重視される現在では、そのことに積極的な意味を見出すことも重要でしょう。

ホモ・サピエンスという巨大なネットの中で個人は等しい価値を持つ！

04 集団間の差と集団の中の違い

他集団との間の差より個人間の差のほうが大きい

ゲノムデータから集団同士の違いを見ていく際には、一般に同じ集団の中に見られる遺伝子の変異のほうが他の集団との間の違いより大きいということも知っておく必要があります。

集団間の違いを見ていくことは、集団の起源や関係などを研究するには有効ですが、それ以上の意味はありません。

左の図は、世界の各地域の集団から、同じ集団に属する人を2名ずつ選び、それぞれの個人で50万種類のＳＮＰを調べて系統樹を作成したもの。枝の長さは遺伝的な差異、具体的には塩基配列の違いの程度に比例しています。どの集団でも同じ集団に属するふたりが共通の祖先に至る枝は長く、それに比べて集団同士の間の違いは中央部分にまとまっていて、相対的に短いことがわかると思います。

北京の中国人と日本人の間の違いは最も小さく、一番離れるアフリカ人との距離（③+④+⑤）も、同じ集団のふたりの間の距離（①+②）に比べてとても短いことがわかります。同じ集団の中の個人の

世界各地の現代人集団の系統樹

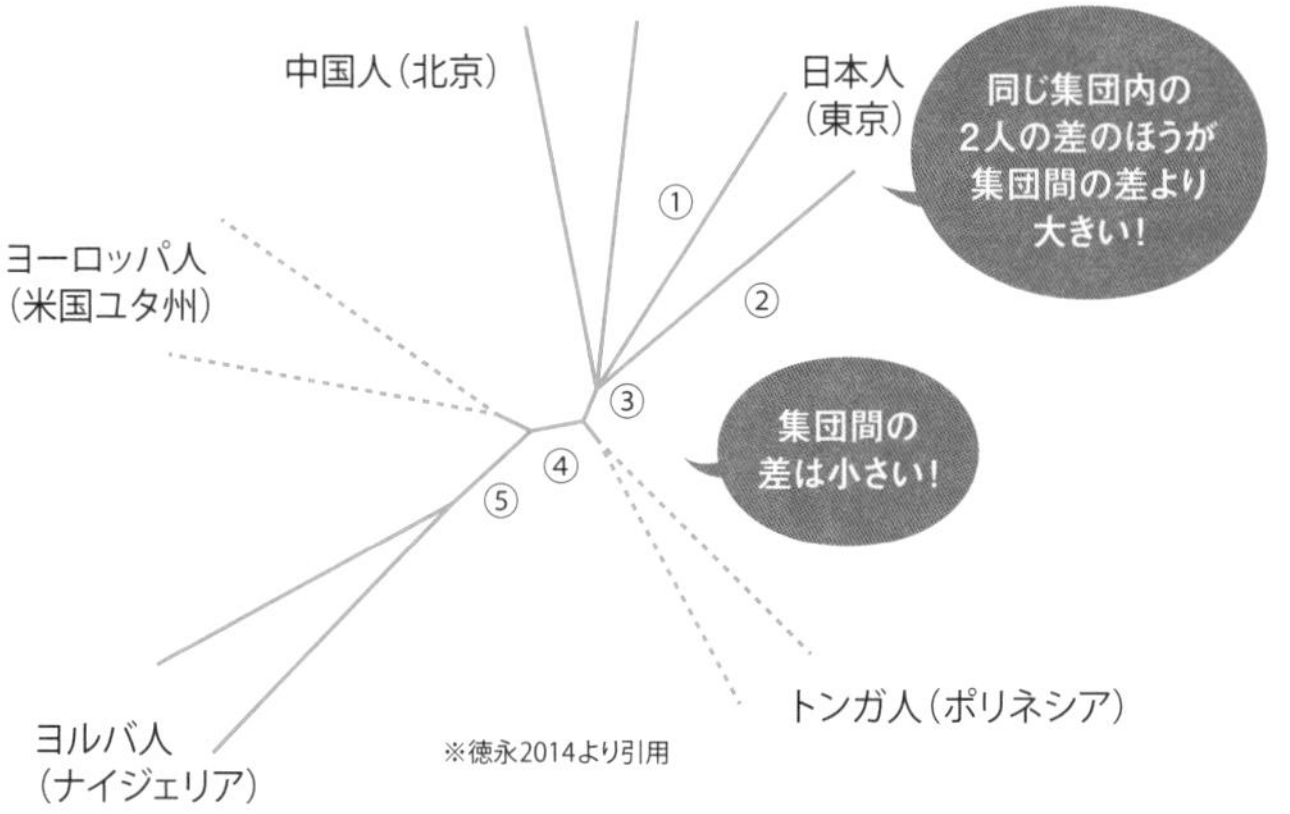

①と②は日本人同士の違いの大きさを示し、③④⑤は集団間の違いを表す

間の違いのほうが、集団同士を比べたときよりもはるかに大きいのです。

これが遺伝子から見た人類集団の実態で、同じ集団に属する個人間の違いのほうがはるかに大きいことを知れば、集団間の違いにはそれほど積極的な意味がないこともわかります。遺伝子によって規定されるさまざまな形質や能力は、同じ集団の中での変異が大きいのですから、集団同士を比べて優劣をつけることには意味がありません。

わずかな差に注目するのは、科学の方法として間違っているわけではなく、ゲノムの差の中に人々の間に見られる姿形や能力の違いの原因となる変異があることは事実です。ただし、大部分は交配集団の中に生まれるランダムな変化で、基本的に能力などの違いを表すものではありません。

05

グローバリゼーションとはなんなのか？

地域分化の時代から大規模な混合の時代へ

世界を見渡すと、グローバリゼーションが遺伝子の交流を促進する方向に作用しており、これまで遺伝的に斉一性の高かった集団でも、他の集団との混合によって、その特徴を変化させていくはずです。「民族」という概念は、生物学的な実体を失っていくことになり、現在では個々の研究の対象は地域集団が中心となっています。

地域集団の遺伝的な特徴は、周辺との関係、あるいは疾病の流行や戦争などの影響を受けて常に変化しながら継続していきます。そのため、過去と現在では遺伝的に異なる集団となっていることも珍しくありません。私たちは、現在から過去を見通すことに慣れていて、現在が到達点であるかのような錯覚に囚われることが多いのですが、それも間違いであると認識しておくことも重要です。決して今の状態が固定化されて未来に受け継がれるわけではありません。

世界史のレベルで考えると、数千年前から16世紀くらいまでは、世界の多くの集団は遺伝的な特徴をあまり変えずに存続していたと考えてよいと思います。その後、ヨーロッパ人による新大陸の発見などがあり、グローバリゼーションの時代を迎えます。

あらゆる出来事が国境を越えて伝わる現代は、人類史から見ると長く続いた地域分化の時代から、大規模な混合の時代へと変わりつつある段階と捉えることができるでしょう。

この変化は加速しており、100年単位で見れば、将来的には今の地域集団の遺伝的な構成は、世界のすべての地域で激変しているはずで、それは日本列島も例外ではありません。私たちが見ているのは、常に歴史の断面であって、恒久的に継続していくものではありません。このことを理解しておくことは、今後の世界を考える上でも重要です。こうした教訓も、古代ゲノム解析が教えてくれた重要な事実といえるでしょう。

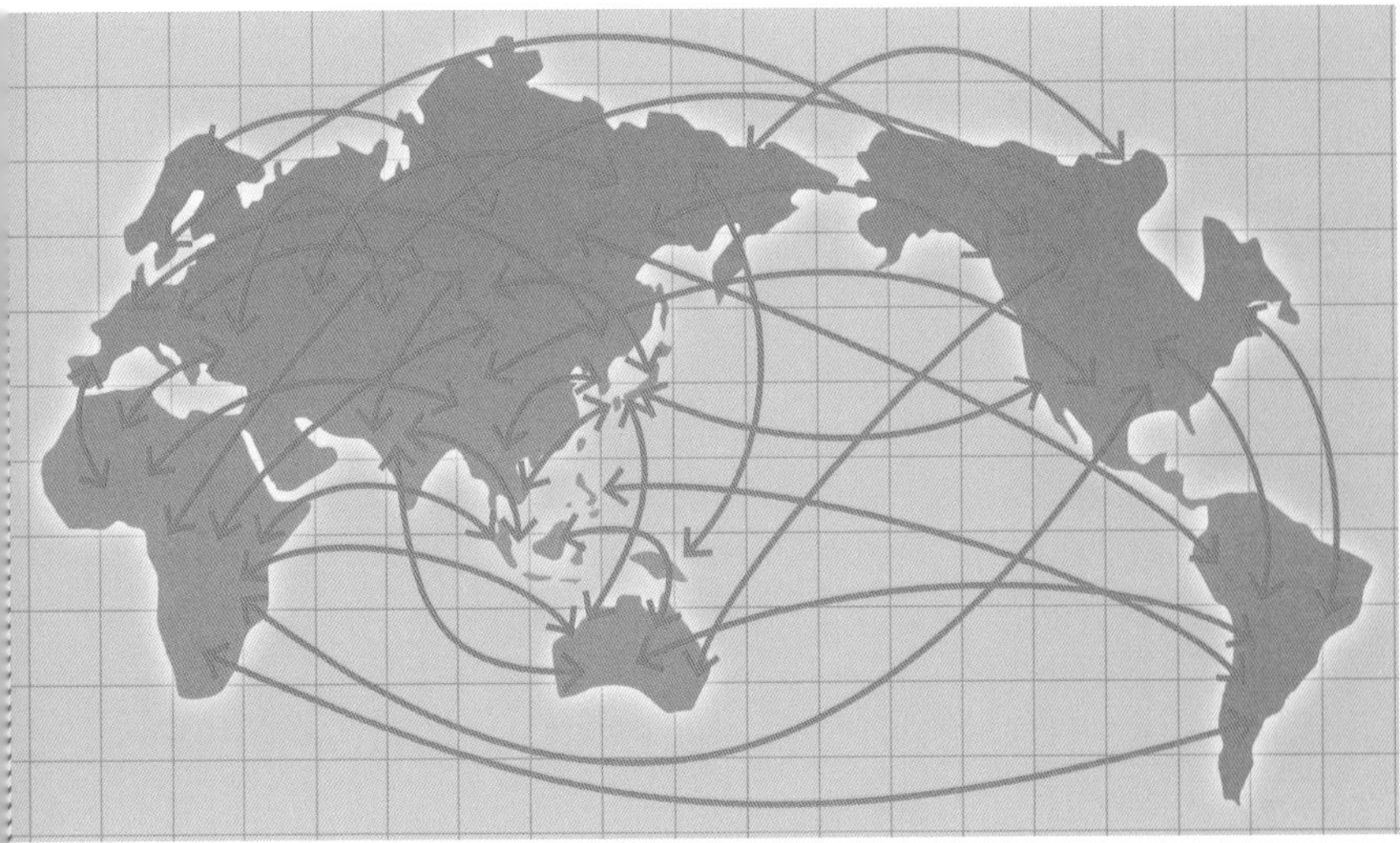

大規模な「混合の時代」がやってくる?

落合陽一
（メディアアーティスト）
×
篠田謙一
（国立科学博物館長）

Special
対談

人類の未来、人類学の未来

これからの人類はどう変化するのか？

落合 遺伝子というデータから、これからの人類の進化・変化は予測できたりしますか？

篠田 それは落合さんの見立てのほうが正しいものになると思うんですけども、進化を考えるとき、例えば「未来では歩かなくなって足が萎《な》える」とか言われることがありますね。これはバイオロジカルな進化ですが、現在は、世界中に人間が広がって多様性が高い状態で、交雑してひとつの方向に向かうという変化もあります。その変化のほうが速いのか、あるいはバイオロジカルな進化のほうが速いのかといえば、私はカルチャーに関連するほう、つまり交雑のほうがはるかに速くて大きな変化をもたらすだろうと思います。

落合 確かに。人類の交雑の可能性は昔よりはるかに上がっているから。

篠田 そうなんですね。現代人のゲノムを読んだ有名な研究があるんです（Ｐ１４６～１４７参照）。出アフリカから6万年間かけて地域差をつくってきたわけですが、今後は混交するほうに進むんだろうと思います。

落合 これだけ多様性があって、お互いに好きな相手と結婚するのは普通のことになっているから。でも、それだけ遺伝的多様性が高いということは、何か一発でやられるリスクがすごく下がりそうな気がするけど……。

篠田 多様性と言っても所詮は6万年です。実は脳の容積なんかは1万年前のほうが大きいのですよ。脳は小さくなっていて、昔の人のほうが頭を使っていたという説もあります。

落合 狩りをするのはやっぱ大変だったのかな。火おこしから住居のつくり方から環境へ適応するところから、あらゆることをひとりで普通にやるんですからね。

篠田　きっとすごい知識が蓄えられていたはずです。

落合　現代は資源が蓄積しているから、赤ちゃんが生まれてきても都市の上で暮らせていけるけど、昔はそうじゃなかったわけだから。

まだまだ、こんなにある！　人類学のフロンティア

篠田　日本に目を向けると、最近では古代人のゲノムを読むと、地域差・時代差が相当あることがわかってきました。離島では中世ぐらいまで縄文人と言っていい。他方、北部九州とか近畿はあっという間に大陸系になっています。遺伝的にはものすごく多様な社会です。本州や九州・四国は鎌倉時代頃に均質化していったのでしょうが、平安時代あたりでは、京都から地方を見たら本当に異質な集団だったはず。

落合　そうですね。狩猟採集が長いことあって、本当に縄文系で人種が違っていた人たちが混在していたのが日本列島。多様であるがゆえに京都から見れば「なんかヤバイ奴らがいるから倒してやろうぜ」って、神話が残ったりしているんだろうな。

　僕は去年ずっと手長足長とかろくろ首とか、『山海経《せんがいきょう》』（古代中国の地理書）とか日本巨人伝説とかを調べていて、明らかに中部地方のあたりだけ特殊な伝来の仕方をしている。調べれば調べるほど文化が違うんだろうなと。だんだん均質化されたということですね。

篠田　おそらくゲノムをちゃんと読めば、その均質化がどう起こったのかというシナリオが書けるはずです。そのとき、他の学問が言っていたことが「あれは一体何を言っていたんだろう」と考えるきっかけとなり、新しい解釈が生まれるでしょう。

落合　日記文学とか。つまりデジタル人文学とバイオイン

フォマティクスが合体してくると、そりゃあエキサイティングで面白いですね。人類学の進展を見るにつけ、現在の常識は10年先にはもっと変わりそうですね。

篠田 逆に言うと「私たちはなんでこんな常識を持っていたんだろう」と振り返るようになるはずです。明治以降の150年間でつくった常識でものを見ていただけなのではないか。

落合 ちなみに化石ってどうやって発掘しているんですか。途方もなくて、全然わかんないですけど。

篠田 骨が何十万年経っても残るコンディションは、洞窟しかありえません。スペインでは100万年ほど前の骨も出ています。地下を何メートルも掘り込んで、そこから見つけています。

落合 洞窟以外だと、他に発掘するとしたら氷河のあたりとか……。

篠田 可能であれば海の中でしょうね。いまは技術的に手が出せないですが、カナダの西側あたりとか海の中は安定的に骨が残っているだろうと言われています。

落合 そんな素晴らしいフロンティアが世の中にあるんだなあ……。

もし絶滅した人類がよみがえったら?

落合 最後に「絶滅した人類からの遺言」というお題で、ひと言お願いできますか。絶滅した人類は我々になんて言いそうですか?

篠田 (少しの間、考える)「真面目に生きろ!」ですね。ヤーガンってご存じですか? 南アメリカ大陸先端の先住民族で、最後のひとりがつい先年に亡くなりました。彼女は生前に「あなたが亡くなったら、あなたの民族は消滅してしまう。私たちに何かメッセージはありますか」と尋ねられて「酒を飲むな」と(笑)。仲

間の男たちがみんな、酒が入ってきてから働かなくなり、生活保護をもらって酒だけ飲んで衰退してしまったのだと……この話が頭に残っていたものですから。

落合　面白い！　確かに確かに。人数が少ない側の人たちとして最後に残って絶滅すると思ったら、人数が多い側の人になんか言うのかなって、頑張って考えているんですけど……。周りから「あなたが最後のひとりですよ」と言われても、「俺が最後なんだ。そうかぁ」といった感じじゃないかな。

篠田　そうですね。おそらく本当にそういう感じで終わるんだろうと思いますよ。

落合　じゃあVRの世界で生きていたとしたら、「あなたが最後の人類で、残りは全部機械ですよ」と言われても、「あぁそうだったのか」と言うだろうなと思うと、やっぱり人間って一世代で絶滅できないから、なかなか絶滅ってことは考えにくいですね。

篠田　そうなんですね。まあ、戦争とか一挙に絶滅が起こる状況になれば考えるでしょうけれども、多くの場合そうと気づかないうちに消えるのでしょうね。

落合　緩やかにね……。いやあ勉強になるなあ。僕はコンピュータが発達していくと、人類がそのうちいなくなると思っているんですけど、人類が絶滅する頃に、特に何かを恨むことなく、緩やかにいなくなっていくんだろうなあ。滅ぼされた実感もなく、滅んだ実感もなく、スッと。あんまり不安がっていてもしかたがないんでしょうね。いやあ興味深い。いろいろ研究になりそうなネタしかないところがうらやましいなあ。

落合陽一
おちあい・よういち

メディアアーティスト。1987年生まれ、東京大学大学院学際情報学府博士課程修了（学際情報学府初の早期修了）、博士（学際情報学）。筑波大学デジタルネイチャー開発研究センター センター長、准教授・JST CREST xDiversityプロジェクト研究代表。2015年World Technology Award、16年Prix Ars Electronica、EUよりSTARTS Prizeを受賞。Laval Virtual Awardを17年まで4年連続5回受賞、19年SXSW Creative Experience ARROW Awards受賞、17年スイス・ザンガレンシンポジウムよりLeaders of Tomorrow選出。

この対談は、経済メディア「NewsPicks」のオリジナル番組「WEEKLY OCHIAI」2023年2月15日公開の「“絶滅した人類”からの遺言【時空ミステリー　人類編】」をもとに編集したものです。「脱・画一化、多様化への『再構築』」を謳う「WEEKLY OCHIAI」は毎週水曜日にライブ配信。

おわりに

　人が実感として捉えることができる歴史はせいぜい100年、自分の祖父母から孫の世代が生きている時代を考えても200年程度です。それを延長するのが歴史学ですが、最近ではユヴァル・ノア・ハラリの『サピエンス全史』などに代表される、歴史をより長いスパンで概観する書物が多くなりました。その根底には「はじめに」にも書きましたが、現代社会に対する閉塞感があるのでしょう。人新世※という新たな時代が始まるということに対する不安もあるのかもしれません。

　これからの社会を見通すためには、私たちが何者で、どこから来たのかという問題を考えておく必要があります。そのためには射程の長い人類史を理解しておくことが必要です。幸いに、近年のゲノムサイエンスの発展は、精度の高い集団形成のシナリオを提供しつつあります。日本での研究は、まだヨーロッパほどの進展は見せていませんが、今後10年以内には日本人の成り立ちについても、新たなセオリーを提示することが可能になるでしょう。今後の研究に注目していただければと思います。

篠田謙一

※人類が地球の生態系や自然環境に大きな影響を及ぼすようになった「人類の時代」を示す新しい時代区分。

篠田謙一（しのだ・けんいち）

1955年生まれ。京都大学理学部卒業。博士（医学）。佐賀医科大学助教授を経て、国立科学博物館人類研究部勤務。2021年より館長。専門は分子人類学。本書の親本にあたる『人類の起源』（中公新書）は新書大賞2023第2位となったベストセラー。他の著書に『DNAで語る――日本人起源論』『江戸の骨は語る――甦った宣教師シドッチのDNA』（ともに岩波書店）、『新版 日本人になった祖先たち――DNAが解明するその多元的構造』（NHK出版）、編著に『化石とゲノムで探る――人類の起源と拡散』（日経サイエンス社）などがある。

ビジネス教養《きょうよう》・超速《ちょうそく》アップデート
図解版《ずかいばん》 人類《じんるい》の起源《きげん》
古代《こだい》DNAが語《かた》るホモ・サピエンスの「大《おお》いなる旅《たび》」

2024年3月25日　初版発行

監　修　篠《しの》田《だ》謙《けん》一《いち》
絵　　　代《よ》々《よ》木《ぎ》アニメーション学院《がくいん》
発行者　安 部 順 一
発行所　中央公論新社
〒100-8152　東京都千代田区大手町 1-7-1
電話　販売 03-5299-1730　編集 03-5299-1740
URL https://www.chuko.co.jp/

印　刷　大日本印刷
製　本　小泉製本

Published by CHUOKORON-SHINSHA, INC.
Printed in Japan　ISBN978-4-12-005763-2 C0022

本書の親本ご紹介

篠田謙一 著

『人類の起源――古代DNAが語るホモ・サピエンスの「大いなる旅」』

中公新書

本体960円+税

中公新書とは?

中公新書は1962年11月から刊行を始めました。以降、いまにいたるまで、読者や著者の皆さまのご支持をいただき、2700点以上（2024年3月現在）の書目を出版してきました。「真に知るに価いする知識」（「中公新書刊行のことば」より）の提供を目標とし、これからも刊行を続けてまいります。